Prom.-Nr. 2043

Die Kennlinien einer Freistrahlturbine im Triebgebiet sowie im Bremsgebiet und die Wirkungsgrade im Triebgebiet

Von der

Eidgenössischen Technischen Hochschule in Zürich

zur Erlangung der

Würde eines Doktors der technischen Wissenschaften

genehmigte

Promotionsarbeit

vorgelegt von

Jagdish Lal

B. M. E. Hons. (Jadavpur, Cal.); G. I. Mech. E. (Lond.)

aus Indien

Referent: Herr Prof. R. Dubs
Korreferent: Herr Prof. H. Gerber

Springer-Verlag Wien GmbH

1952

ISBN 978-3-662-24079-3   ISBN 978-3-662-26191-0 (eBook)
DOI 10.1007/978-3-662-26191-0

Manzsche Buchdruckerei, Wien IX

Vorwort.

An dieser Stelle möchte ich Herrn Prof. *R. Dubs* herzlich danken für das große Interesse, das er meinen Arbeiten entgegengebracht hat. Zu ganz besonderem Dank bin ich ihm verpflichtet für die Hilfe und die vielen Bemühungen, die er bei der Überwindung meiner sprachlichen Schwierigkeiten hatte, welche sich aus der verhältnismäßig kurzen Zeitspanne ergaben, während der ich die deutsche Sprache erlernen mußte.

Im besonderen habe ich auch dem ersten Assistenten des Institutes für hydraulische Maschinen, Herrn Dipl.-Phys. *P. Weber*, zu danken für seine wertvollen Ratschläge und die Hilfe beim experimentellen Teil der Arbeit. Meinen Dank spreche ich auch den Mechanikern des Institutes aus, die mir bei den Versuchen behilflich waren.

Für die finanzielle Unterstützung dieser Arbeit danke ich der J. N. Tata Endowment, Bombay.

Inhaltsverzeichnis

Zusammenstellung der verwendeten Bezeichnungen

A, A_1, A_2 Konstanten

B, B_1, B_2 Konstanten

D Durchmesser (allgemein)

D_1 mittlerer Turbinendurchmesser (Strahlkreisdurchmesser) (m)

E Elastizitätsmodul (kg/cm^2)

F Impulskraft (kg)

F_p Impulskraft b. idealer Strömung

F_x Impulskraft in x-Richtung

G Gewicht (kg)

H Gefälle (m)

H_n Nenngefälle

H_{Kor} Korrektur in m für das Gefälle

H_{mano} manometrisches Gefälle

H_{tot} totales Gefälle $= H_{\mathrm{mano}} \pm$

$$\pm \varDelta H_{\mathrm{Kor}} + \frac{c_e^2}{2\,g} + z_{\mathrm{mano}}$$

H_{v_L} Druckverlust (in m) in der Leitung

I Strom (Amp.)

J Trägheitsmoment (allg.) in cm^4

K Konstante (allgemein)

$K_{c_1} = \dfrac{c_1}{\sqrt{2\,g\,H}}$ dimensionsl. Größe

$K_{u_1} = \dfrac{u_1}{\sqrt{2\,g\,H}}$ dimensionsl. Größe

M Moment, Drehmoment (kgm)

M_H hydraulisches Moment

$M_1 = \dfrac{M}{H}$ (kg) Moment bezogen auf 1 m Gefälle

M_{R+V} Reibungs- und Ventilationsmoment

P Leistung (allg.) in PS oder kW

P_p Leistung bei idealer Strömung

P_d disponible Leistung

P_H Gefällsleistung

P_h hydraulische Leistung

P_{mech} mechanische Verlustleistung

P_t totale Leistung oder Leistung an der Welle (Index 1 bedeutet, daß die Leistung auf 1 m Gefälle bezogen ist)

Q Wassermenge (allgemein) in m^3 s^{-1} oder l s^{-1}

Q_1 Wassermenge bezogen auf 1 m Gefälle $= \dfrac{Q}{\sqrt{H}}$

$\varDelta Q$ Wassermengenverluste

R Radius (m)

R_e *Reynolds*sche Zahl

T Absolut-Temp. in °K (allg.)

U benetzter Umfang, Spannung (Volt)

V Volumen

a und b Konstanten

c absolute Geschwindigkeit (allgemein) in m s^{-1}

c_1 absolute Geschwindigkeit am Eintritt in das Laufrad

c_2 absolute Geschwindigkeit am Austritt aus dem Laufrad

d_0 Düsendurchmesser (m)

d_1 Strahldurchmesser (m)

f Fläche (m^2)

g Erdbeschleunigung (m/sec^2) $= 9,81$ m s^{-2}

h absolute Druckhöhe (m)

k Konstante (allgemein)

l Länge (m)

m Masse

n Drehzahl (allgemein) in U/min

n' Drehzahl in U s$^{-1} = \dfrac{n}{60}$

n^* totale Umdrehungen

n_1 Drehzahl bezogen auf 1 m Gefälle $= \dfrac{n}{\sqrt{H}}$

n_n Nenndrehzahl

n_{max} Durchgangsdrehzahl

r Radius (allgemein) in m

t Zeit (Sek.)

u Umfangsgeschwindigkeit (allgemein) in m s^{-1}

u_1 Umfangsgeschwindigkeit am Eintritt

u_2 Umfangsgeschwindigkeit am Austritt

w Relativgeschwindigkeit (allgemein) in m s^{-1}

w_1 Relativgeschwindigkeit am Eintritt in das Laufrad

w_2 Relativgeschwindigkeit am Austritt aus dem Laufrad

z Höhe üb. einer Horizontalebene

z_2 Anzahl der Laufradschaufeln

α Winkel zwischen absoluter und Umfangsgeschwindigkeit

β Winkel zwischen relativer und Umfangsgeschwindigkeit; (Schubzahl in cm^2/kg)

γ spezifisches Gewicht (des Wassers 1000 kg m^{-3})

η Wirkungsgrad (allgemein) in % oder Zahl

η_p Wirkungsgrad bei id. Strömung

η_Q Wassermengenwirkungsgrad

η_H Gefällswirkungsgrad

η_h hydraulischer Wirkungsgrad

η_m mechanischer Wirkungsgrad

η_t totaler Wirkungsgrad

λ Reibungszahl

ν kinematische Zähigkeit (m^2 s^{-1})

φ, ψ Winkelbezeichnungen

ω Winkelgeschwindigkeit (s^{-1})

Θ Massenträgheitsmoment (kg m s^2)

Die vorliegenden und einige weitere Bezeichnungen, die noch einer eingehenden Definition bedürfen, sind alle im Text erklärt.

I. Einleitung und Problemstellung

Über das Verhalten der Freistrahlturbine, im üblichen Arbeitsgebiet zwischen $u = 0$ und $u = u_{max}$, sind in der einschlägigen Literatur zahlreiche Angaben zu finden. Neben diesem Normalarbeitsgebiet der Turbine bestehen jedoch noch zwei andere Gebiete, nämlich bei $u < 0$ und $u > u_{max}$, deren Merkmale noch nicht bekannt sind. Die theoretische und experimentelle Ermittlung der Eigenschaften in den zwei erwähnten Gebieten ist das Hauptziel der vorliegenden Arbeit. Außerdem wurde noch das Verhalten der Turbine bei abnormal montiertem Laufrad untersucht. Die Abweichungen, die sich zwischen den theoretischen und experimentellen Untersuchungen ergeben, werden am Schluß der Arbeit einander gegenübergestellt und zu erklären versucht.

Für die experimentelle Bestimmung der oben erwähnten, noch unbekannten Eigenschaften mußte die Turbine mechanisch angetrieben werden. Im vorliegenden Falle diente der mit der Turbine gekuppelte Generator als Antriebsmaschine, der, von einer Stromquelle versorgt, als Motor arbeitete.

Über die Eigenschaften der Freistrahlturbine im Arbeitsgebiet $u < 0$ und $u > u_{max}$ sind mir bis heute nur einige Hinweise bekannt, die Prof. *Dubs* in seinen Vorlesungen über Wasserkraftmaschinen bekanntgab. Meines Wissens ist darüber keine andere Literatur vorhanden. Zu den Überlegungen über die Abweichungen der theoretischen von den experimentellen Ergebnissen gab mir die am Schluß dieser Arbeit verzeichnete Fachliteratur einige Hinweise.

Die verschiedenen, im Gebiete der hydraulischen Maschinen üblichen Wirkungsgrade — Gefällswirkungsgrad η_H, Wassermengenwirkungsgrad η_Q, hydraulischer Wirkungsgrad η_h, mechanischer Wirkungsgrad η_m und totaler Wirkungsgrad η_t — sind für die Freistrahlturbine zu definieren und zu diskutieren. Diese Wirkungsgrade (die auch theoretisch zu bestimmen sind) werden von manchen Faktoren beeinflußt, die aber theoretisch nur zum Teil erfaßt werden können. Die theoretisch gefundenen Ergebnisse werden mit den Versuchsergebnissen verglichen.

Die Einteilung und die Definitionen der Wirkungsgrade sind in der zahlreichen Literatur über Wasserturbinen zu finden. Dr. *F. Taygun**) hat in seiner Dissertation „Untersuchungen über den Einfluß der Schaufelzahl auf die Wirkungsweise eines Freistrahlrades" die Versuchsresultate zur

---

*) *Taygun, H. F.:* „Untersuchungen über den Einfluß der Schaufelzahl auf die Wirkungsweise eines Freistrahlrades", Diss. E. T. H. 1946.

Berechnung der hydraulischen, mechanischen und totalen Wirkungsgrade benützt, und in der vorliegenden Arbeit soll noch der Gefällswirkungsgrad und der Wassermengenwirkungsgrad bestimmt werden.

Für die Sammlung und Formulierung der Einflüsse der verschiedenen Faktoren auf die Wirkungsgrade konnte die folgende Literatur Unterlagen geben:

Vorlesung von Prof. *R. Dubs* über Wasserkraftmaschinen und Pumpen. Hier im besonderen das Kapitel über die Berechnung der Mindestschaufelzahl der *Pelton*-Turbine.

,,Étude théorique et expérimentale de la dispersion du jet dans la turbine *Pelton*", von Prof. *Oguey* und *M. Mamin**).

In der nachstehenden Arbeit sollen die noch offenen Fragen theoretisch und experimentell weiter abgeklärt werden. Als Ausgangspunkt dient die theoretische Vorausberechnung der Charakteristiken der eindüsigen Freistrahlturbine des Institutes für Hydraulik und hydraulische Maschinen an der Eidgenössischen Technischen Hochschule Zürich. Dabei wurde auch der Einfluß der Drehzahl auf den Wirkungsgrad bei konstantem n_1 und veränderlichem Gefälle untersucht. Ferner ist auch die Änderung des Wassermengenwirkungsgrades bei konstantem n_1 und variablem Gefälle bestimmt worden.

---

*) Bulletin Technique de la Suisse Romande, 14 octobre 1944, No 21 et 28, octobre 1944, No 22.

II. Lösung der Aufgabe

A. Theorie

Die von der Natur dargebotene Wasserenergie wird je nach vorhandenem Gefälle und Wassermenge in Wasserturbinen der *Kaplan-*, *Francis-* oder *Pelton*-Bauart in mechanische Arbeit an der Welle umgesetzt. Im Falle großen Gefälles wird im allgemeinen die *Pelton*-Turbine in Frage kommen, bei der ein Wasserstrahl mit hoher Geschwindigkeitsenergie auf die Schaufeln auftrifft und ein Drehmoment und damit Leistung erzeugt.

Trifft ein Wasserstrahl (Bild 1) auf eine genügend große ebene Fläche mit der Geschwindigkeit c senkrecht auf, so entsteht eine Impulskraft F_x in Richtung des Strahles von der Größe

$$F_x = \frac{Q \cdot \gamma}{g} \cdot c; \text{ kg} \qquad (1)$$

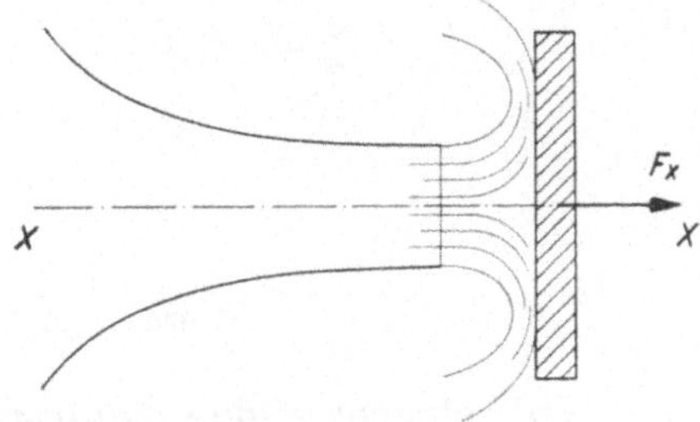

Bild 1. Wasserstrahl aus einer Düse auf eine Fläche

wobei $\quad F_x$ = Impulskraft in kg,
$\quad\quad\quad Q$ = Wassermenge in m³ s⁻¹,
$\quad\quad\quad \gamma$ = spezifisches Gewicht des Wassers in kg m⁻³,
$\quad\quad\quad g$ = Erdbeschleunigung in m s⁻²,
$\quad\quad\quad c$ = Geschwindigkeit in m s⁻¹

Bewegt sich die beaufschlagte Fläche in Strömungsrichtung mit der Geschwindigkeit u, so ergibt sich die Impulskraft F_x zu

$$F_x = \frac{Q \cdot \gamma}{g} (c - u); \text{ kg} \qquad (1\,\text{a})$$

wobei u in m s⁻¹.

Die erzeugte Leistung ist dann

$$P = \frac{Q \cdot \gamma}{g} (c - u) \cdot u; \text{ kg m s}^{-1} \qquad (2)$$

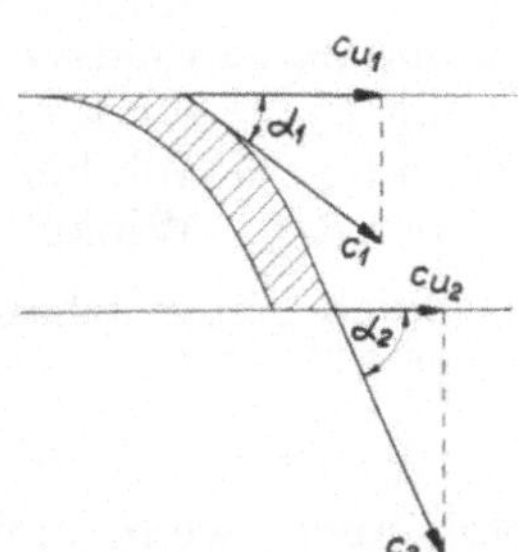

Bild 2. Gekrümmte Fläche mit Eintritts- und Austrittsgeschwindigkeit

c_{u_1} = Eintrittsgeschwindigkeit
c_{u_2} = Austrittsgeschwindigkeit
beide in der Bewegungsrichtung (u) angenommen

Trifft der Wasserstrahl auf eine gekrümmte Fläche (Bild 2) auf, so sind an Stelle der vorher in Strahlrichtung angenommenen Geschwindigkeit c die Ein- und Austrittskomponenten c_{u_1} und c_{u_2} in Richtung von u einzusetzen.

Die ausgeübte Kraft wird in diesem Fall

$$F_x = \frac{Q \cdot \gamma}{g} \left(c_{u_1} - c_{u_2} \right); \text{kg} \tag{1 b}$$

Damit sind wir bei der bekannten Formel von *Euler* angelangt.

1. Die ideale Strömung

Im folgenden betrachten wir die ideale oder Potentialströmung auf der Schaufel eines *Pelton*-Rades. Wir setzen voraus, daß alle Wasserteilchen gleich umgelenkt werden und benützen den Impulssatz zur Berechnung der Umfangskraft.

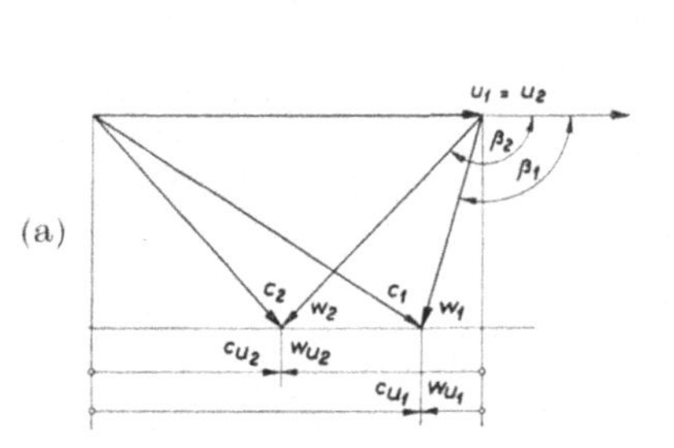

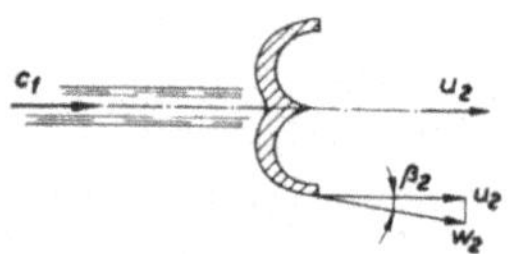

Bild 3 a und b. Geschwindigkeitsdreiecke

Wir betrachten den Laufrad-Ein- und -Austritt und bezeichnen mit:

c_1 und c_2 = absolute Eintritts- und Austrittsgeschwindigkeit.

u_1 und u_2 = Umfangs- oder Systemgeschwindigkeit am Eintritt und Austritt.

w_1 und w_2 = relative Eintritts- und Austrittsgeschwindigkeit.

c_{u_1} und c_{u_2} = Umfangskomponente der Absolutgeschwindigkeit.

α_1 und α_2 = Winkel zwischen absoluter und Umfangsgeschwindigkeit.

β_1 und β_2 = Winkel zwischen relativer und Umfangsgeschwindigkeit.

Nach *Euler* erhalten wir also:

$$F_x = \frac{Q \cdot \gamma}{g} \left(c_{u_1} - c_{u_2} \right); \text{kg}$$

oder auch, wenn man die Umfangskomponenten der Relativgeschwindigkeit nimmt (s. Bild 3):

$$F_x = \frac{Q \cdot \gamma}{g} \left(w_{u_1} - w_{u_2} \right) \tag{1 c}$$

wobei dann aber, um das richtige Vorzeichen zu erhalten, die Differenz mit dem Minuszeichen zu versehen ist, also $- \left(w_{u_2} - w_{u_1} \right)$. Der Vektor erhält sonst nicht die gleiche Pfeilrichtung wie $\left(c_{u_1} - c_{u_2} \right)$.

Es wird beim Eintritt angenommen, es sei $\beta_1 = 0$.

Es ist dann:

$$w_{u_1} = w_1 = c_1 - u_1$$

und beim Austritt

$$w_{u_2} = w_2 \cdot \cos \beta_2$$

Die *Pelton*-Turbine ist eine Gleichdruckturbine und bei idealer Strömung auf den Schaufeln wird $w_1 = w_2$, so folgt:

$$w_{u_2} = w_1 \cdot \cos \beta_2 = (c_1 - u_1) \cdot \cos \beta_2$$

Damit wird nun

$$c_{u_1} - c_{u_2} = - (w_{u_2} - w_{u_1}) = (w_{u_1} - w_{u_2}) = c_1 - u_1 - (c_1 - u_1) \cdot \cos \beta_2$$

oder auch

$$F_x = \frac{Q \cdot \gamma}{g} (c_1 - u_1) \cdot (1 - \cos \beta_2) \tag{1d}$$

Nehmen wir im Normalarbeitsgebiet (Triebgebiet) zwischen $u = 0$ und $u = u_{max}$ eine vollständige Umlenkung an, d. h. eine Umlenkung um 180°, dann ist $\beta_2 = 180°$, somit $\cos \beta_2 = - 1$.

Damit wird die Impulskraft F_p der idealen Strömung:

$$F_p = \frac{2 \cdot Q \cdot \gamma}{g} (c_1 - u_1); \ \text{kg} \tag{3}$$

und die Leistung

$$P_p = \frac{2 \cdot Q \cdot \gamma}{g} (c_1 - u_1) \cdot u_1; \ \text{kg m s}^{-1} \tag{4}$$

Haben wir eine Düsenwassermenge von $Q \ (\text{m}^3 \, \text{s}^{-1})$ bei einem Gefälle von $H \ (\text{m})$ zur Verfügung, so errechnet sich die disponible Leistung zu:

$$P_d = \gamma \cdot Q \cdot H; \ \text{kg m s}^{-1} *) \tag{5}$$

Somit wird der Wirkungsgrad bei idealer Strömung und vollständiger Umlenkung

$$\eta_p = \frac{P_p}{P_d} = \frac{\dfrac{2 \cdot Q \cdot \gamma}{g} (c_1 - u_1) \cdot u_1}{\gamma \cdot Q \cdot H}$$

$$\eta_p = \frac{2 \cdot (c_1 - u_1) \cdot u_1}{g \cdot H} \tag{6}$$

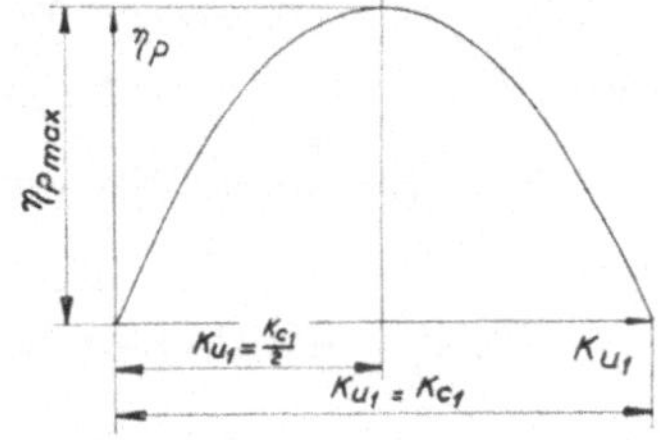

Bild 4. Idealer Wirkungsgrad η_p in Funktion von K_{u_1}

(η_{pmax} bei $K_{u_1} = \dfrac{K_{c_1}}{2}$, $\eta_p = 0$, wenn $K_{u_1} = K_{c_1}$)

Setzen wir $\quad c_1 = K_{c_1} \cdot \sqrt{2 \, g \, H}$

und $\quad u_1 = K_{u_1} \cdot \sqrt{2 \, g \, H}$

wobei K_{c_1} und K_{u_1} dimensionslose Kennzahlen sind**), so lautet Gl. (6)

$$\eta_p = 4 \cdot (K_{c_1} \cdot K_{u_1} - K_{u_1}^2) \tag{6a}$$

Den maximalen Wert von η_p erhält man, wenn die erste Ableitung verschwindet:

$$\frac{d\eta_p}{dK_{u_1}} = 4 \cdot (K_{c_1} - 2 \, K_{u_1}) = 0$$

damit $\quad K_{c_1} = 2 \, K_{u_1}$

oder $\quad K_{u_1} = \dfrac{K_{c_1}}{2}$

---

*) Siehe Regeln für Wasserturbinen, S. E. V. 1947.
**) Siehe Schweiz. Bau-Ztg. vom 1. Oktober 1938, „Eine dimensionslose Kennzahl K_s für hydraulische Kreiselmaschinen" von Prof. *R. Dubs*.

Bei verlustfreier Strömung in der Düse ist

$$K_{c_1} = 1$$

d. h.

$$c_1 = \sqrt{2\,g\,H}$$

somit

$$K_{u_1} = \frac{K_{c_1}}{2} = \frac{1}{2} = 0{,}5$$

d. h.

$$\eta_{p\,\mathrm{max}} = 4 \cdot (1{,}0 - 0{,}5) \cdot 0{,}5$$

$$\eta_{p\,\mathrm{max}} = 1 \tag{6 b}$$

η_p hat im Maximum den gleichen Wert wie der Düsenwirkungsgrad η_D, da bei der idealen Strömung auf der Schaufel keine Verluste auftreten. Der Düsenwirkungsgrad η_D ist gegeben durch:

$$\eta_D = \frac{\dfrac{c_1^{\,2}}{2\,g}}{H} = \frac{c_1^{\,2}}{2\,g\,H} = K_{c_1}^{\,2}$$

und bei verlustfreier Strömung in der Düse ist $K_{c_1} = 1$.

2. Die wirkliche Strömung

Bei der wirklichen Strömung treten Druckverluste auf, die wir wie folgt berücksichtigen wollen:

$1 - \nu_1 =$ relativer Verlust beim Eintritt in die Schaufel,

$1 - \nu_2 =$ relativer Verlust infolge Druckverlust auf den Schaufeln.

Es ist $\nu_1 < 1$ und $\nu_2 < 1$.

Für die ideale Strömung und vollständige Umlenkung war

$$w_1 = c_1 - u_1$$

Bei der wirklichen Strömung sei nun

$$w_1' = w_1 \cdot \nu_1$$

d. h.

$$w_1' = (c_1 - u_1) \cdot \nu_1$$

und

$$w_2' = w_1' \cdot \nu_2 \ldots \qquad\qquad (\text{da } w_2' < w_1').$$

Ferner kann in vielen Teilen der Laufradschaufel nicht eine vollständige Umlenkung stattfinden, wegen Kollisionsgefahr des austretenden Wassers mit der nachfolgenden Schaufel. Es muß auch aus Herstellungsgründen $\beta_1 > 0$ sein. Wir setzen somit

$$\beta_1 > 0$$

aus Festigkeitsgründen, und

$$\beta_2 > 0$$

aus strömungstechnischen Gründen. Der Winkel β_2 bedeutet hier den Supplementwinkel zum früheren Winkel β_2.

Der Wert von β_2 wird an jeder Stelle des Austrittes aus der Schaufel nur so groß gewählt, daß man sicher ist, daß das austretende Wasser nicht auf die Rückseite der folgenden Schaufel aufschlägt.

Unter Berücksichtigung von Obigem wird:

$$w_{u_1}{}' = w_1{}' \cdot \cos \beta_1 = w_1 \cdot \nu_1 \cdot \cos \beta_1 = (c_1 - u_1) \cdot \nu_1 \cdot \cos \beta_1$$

$$w_{u_2}{}' = w_2{}' \cdot \cos \beta_2 = w_1{}' \cdot \nu_2 \cdot \cos \beta_2 = (c_1 - u_1) \cdot \nu_1 \cdot \nu_2 \cdot \cos \beta_2$$

Damit wird:

$$(c_{u_1}{}' - c_{u_2}{}') = - (w_{u_2}{}' - w_{u_1}{}') = (w_{u_1}{}' - w_{u_2}{}')$$

oder

$$(c_{u_1}{}' - c_{u_2}{}') = (c_1 - u_1) \cdot (\nu_1 \cdot \cos \beta_1 + \nu_1 \cdot \nu_2 \cdot \cos \beta_2)$$

Da die Umlenkung der Wasserteilchen über der Schaufelfläche nicht gleichmäßig ist, teilen wir die Wassermenge in m gleiche Teile auf. Somit erhält jeder dieser Teile die Teilwassermenge ΔQ.

Damit wird
$$\Delta Q = \frac{Q}{m}$$

Die Umfangskraft wird dann

$$\Delta F_u = \frac{\gamma \cdot \Delta Q}{g} (c_1 - u_1) \cdot (\nu_1 \cdot \cos \beta_1 + \nu_1 \cdot \nu_2 \cdot \cos \beta_2) \tag{7}$$

Die totale Umfangskraft ist dann:

$$F_u = \Sigma (\Delta F_u) \tag{7a}$$

und die Leistung der Teilturbine

$$\Delta P_H = \Delta F_u \cdot u_1$$

$$\Delta P_H = \frac{\gamma \cdot \Delta Q}{g} (c_1 - u_1) \cdot (\nu_1 \cdot \cos \beta_1 + \nu_1 \cdot \nu_2 \cdot \cos \beta_2) \cdot u_1 \tag{8}$$

In dieser Gleichung ist c_1 und bei konstanter Drehzahl auch u_1 konstant.

$\Delta Q = \dfrac{Q}{m}$ ist für eine Turbine bei konstantem Nadelhub ebenfalls konstant.

Nehmen wir ν_1, ν_2 und β_1 gleichfalls als konstant an, so bleibt nur β_2 als Variable übrig.

Die totale abgegebene Leistung beträgt

$$P_H = \Sigma (\Delta P_H) \tag{8a}$$

Der Wirkungsgrad η_H, auch Gefällswirkungsgrad genannt, ergibt sich dann für eine Teilturbine zu:

$$\eta_H = \frac{\Delta P_H}{\Delta P_d} = \frac{\dfrac{\gamma \cdot \Delta Q}{g} (c_1 - u_1) \cdot (\nu_1 \cdot \cos \beta_1 + \nu_1 \cdot \nu_2 \cdot \cos \beta_2) \cdot u_1}{\gamma \cdot \Delta Q \cdot H}$$

oder:
$$\eta_H = 2 \cdot (\nu_1 \cdot \cos \beta_1 + \nu_1 \cdot \nu_2 \cdot \cos \beta_2) \cdot (K_{c_1} \cdot K_{u_1} - K_{u_1}{}^2) \tag{9}$$

In dieser Gleichung ist für eine gegebene Laufradschaufel

$$\nu_1 \cdot \cos \beta_1 + \nu_1 \cdot \nu_2 \cdot \cos \beta_2 = \text{konstant}$$

für eine Teilturbine und ändert sich nur von Teilturbine zu Teilturbine.

Es ist auch
$$K_{c_1} = \text{konstant.}$$

Somit bleibt nur K_{u_1} variabel.

Wenn wir für jede Teilturbine den Gefällswirkungsgrad bezeichnen mit

$$\eta_H{}', \quad \eta_H{}'', \quad \eta_H{}''' \quad \text{usw.}$$

und die Teilwassermenge mit

$$\Delta Q', \quad \Delta Q'', \quad \Delta Q''' \quad \text{usw.}$$

dann wird

$$\overline{\eta_H} = \frac{\eta_H{}' \cdot \Delta Q' + \eta_H{}'' \cdot \Delta Q'' + \cdots}{Q}$$

wobei $\overline{\eta_H} =$ mittlerer Gefällswirkungsgrad für die ganze Turbinenschaufel;

da

$$\Delta Q = \frac{Q}{m}$$

wird

$$\overline{\eta_H} = \frac{\eta_H{}' + \eta_H{}'' + \eta_H{}''' + \cdots}{m} \tag{10}$$

Aus Gl. (9) errechnet sich $\eta_{H\,\text{max}}$ zu:

$$\eta_{H\,\text{max}} = \frac{v_1 \cdot \cos \beta_1 + v_1 \cdot v_2 \cdot \cos \beta_2}{2} \cdot K_{c_1}{}^2 \tag{9a}$$

Definieren wir $K_{c_1}{}^2 = \eta_D =$ Düsenwirkungsgrad, so wird

$$\frac{v_1 \cdot \cos \beta_1 + v_1 \cdot v_2 \cdot \cos \beta_2}{2} = \eta_{L\,\text{max}} = \text{Laufradschaufelwirkungsgrad}$$

d. h.
$$\eta_{H\,\text{max}} = \eta_D \cdot \eta_{L\,\text{max}} \tag{9b}$$

Bedeutet H das zur Verfügung stehende Gefälle in m, ΔH der gesamte Druckverlust im Verantwortungsbereich der Turbine, d. h. vom Eintritt in den Einlauf bis zum Austritt aus den Schaufeln, so können wir den Gefällswirkungsgrad auch definieren zu

$$\eta_H = \frac{H - \Delta H}{H} = 1 - \frac{\Delta H}{H} \tag{11}$$

Infolge der Schlüpfung, hervorgerufen durch die Strahldivergenz bei Normalbetrieb und insbesondere bei abnormal großem K_{u_1}, treffen nicht immer alle Wasserteilchen auf die Schaufeln, so daß der Strahl nicht immer voll ausgenützt wird. Bezeichnen wir die verlorene Wassermenge mit ΔQ, dann wird der **Wassermengenwirkungsgrad**:

$$\eta_Q = \frac{Q - \Delta Q}{Q} = 1 - \frac{\Delta Q}{Q} \tag{12}$$

Die angegebenen zwei Verluste ΔH und ΔQ sind als hydraulische Verluste zu bezeichnen. Die bei ihrer Berücksichtigung an das Laufrad abgegebene Leistung wird hydraulische Leistung genannt und hat den Wert:

$$P_h = \gamma \cdot (Q - \Delta Q) \cdot (H - \Delta H)$$

Setzen wir

$$\eta_Q = \frac{Q - \Delta Q}{Q} \quad \text{und} \quad \eta_H = \frac{H - \Delta H}{H}$$

und
$$P_d = \gamma \cdot Q \cdot H$$

dann ist
$$P_h = P_d \cdot \eta_H \cdot \eta_Q. \tag{13}$$

Der hydraulische Wirkungsgrad der Turbine ist dann

$$\eta_h = \frac{P_h}{P_d} = \eta_H \cdot \eta_Q. \tag{14}$$

Die vom Laufrad an die Welle abgegebene Leistung wird nochmals verringert um die mechanischen Verluste ΔP infolge Reibung und Ventilation. Unter Berücksichtigung dieser Verluste wird die totale Leistung an der Welle:

$$P_t = P_h - \Delta P \tag{15}$$

und der mechanische Wirkungsgrad ergibt sich zu:

$$\eta_m = \frac{P_t}{P_h} \tag{16}$$

Der totale Wirkungsgrad η_t ist dann:

$$\eta_t = \frac{P_t}{P_d} = \eta_H \cdot \eta_Q \cdot \eta_m. \tag{17}$$

Bis jetzt haben wir nur das Gebiet des Turbinenbetriebes betrachtet, in dem der Wasserstrahl beim Auftreffen auf die Schaufeln Kraft und Leistung erzeugt. Dieses Gebiet wird im folgenden als Normal- oder **Triebgebiet** bezeichnet. Es gibt aber außerdem zwei weitere Gebiete, in denen der Wasserstrahl als Bremse wirkt. Diese Gebiete werden wir als **Bremsgebiete** bezeichnen und sie werden wie folgt definiert:

a) Wenn das Rad durch Antrieb von außen rückwärts läuft, d. h. wenn der Wasserstrahl auf den Becher trifft, der jetzt gegen den Strahl läuft, und dabei das laufende Rad bremst. Da die Drehrichtung des Rades in diesem Fall umgekehrt ist, belegen wir die Umfangsgeschwindigkeit mit negativem Vorzeichen und schreiben

$$\underline{u < 0}$$

b) Wenn das Rad ebenfalls durch Antrieb von außen mit einer Drehzahl angetrieben wird, die größer ist als die Durchgangsdrehzahl u_{max}. In diesem Fall drehen sich die Schaufeln rascher, als wenn sie vom Wasserstrahl angetrieben werden, so daß der Strahl als Bremse arbeitet. Der Strahl trifft dann auf die Rückseite der Schaufel auf.

Es ist nun:

$$\underline{u > u_{max}}$$

Im Bremsgebiet $u < 0$ trifft das Wasser die gleiche Schaufelfläche wie im Triebgebiet, und es ist in Gl. (1 d) wieder $\beta_2 = 180°$; und es ändert sich dann lediglich das Vorzeichen von u_1. Die Impulskraft F_p der idealen Strömung errechnet sich aus Gl. (3) zu:

$$F_p = \frac{2 \cdot \gamma \cdot Q}{g} (c_1 + u_1) \tag{18}$$

Durch Einsetzen von Gl. (18) in Gl. (4) wird

$$P_p = \frac{2 \cdot \gamma \cdot Q}{g} (c_1 + u_1) \cdot (- u_1); \ \text{kg m s}^{-1}$$

Die Leistung ist also negativ und entspricht der Antriebsleistung von außen her.

Bei wirklicher Strömung beträgt die Leistung für eine Teilturbine nach Gl. (8)

$$\Delta P_H = \frac{\gamma \cdot \Delta Q}{g}\,(c_1 + u_1)\cdot(v_1\cdot\cos\beta_1 + v_1\cdot v_2\cdot\cos\beta_2)\cdot(-u_1) \qquad (19)$$

und
$$P_H = \Sigma\,(\Delta P_H) \qquad (19\,\mathrm{a})$$

Führen wir das Drehmoment ein, so wird

$$P_H = \omega \cdot M_H \qquad (20)$$

wobei Winkelgeschwindigkeit

$$\omega = \frac{-u_1}{R_1}\,;\ \mathrm{s}^{-1}$$

R_1 ist der mittlere Radius des Turbinenrades.

Mit dieser negativen Winkelgeschwindigkeit wird also beim Einsetzen in Gl. (20) das Drehmoment positiv.

Im Bremsgebiet $u > u_{\max}$ schlägt die Schaufel in den Strahl und beschleunigt die Wasserteilchen. Der Winkel β_2 ist dann ein spitzer Winkel und die Gl. (3) für F_p gibt dann lediglich einen funktionellen Zusammenhang. Wir führen hier einen Faktor μ ein, dessen Wert in Gl. (1 d) als $(1 - \cos\beta_2)$ bezeichnet wird. Wir können dann unter der Voraussetzung einer idealen Strömung und wenn **angenommen** wird, daß auch hier der Impulssatz in der früheren Formulierung gilt, nach Gl. (1 d) schreiben:

$$F_p = \frac{\mu \cdot Q \cdot \gamma}{g}\,(c_1 - u_1) \qquad (21)$$

Da jedoch der Wert von u größer ist als von c, so wird F_p negativ und die Leistung bei idealer Strömung wird:

$$P_p = \frac{\mu \cdot Q \cdot \gamma}{g}\,(c_1 - u_1)\cdot u_1 \qquad (22)$$

und da $u_1 > c_1$, so wird auch hier die Leistung negativ und entspricht der Antriebsleistung von außen.

Ferner gilt:

$$P_H = \omega \cdot M_H$$

wobei
$$\omega = \frac{u_1}{R_1}$$

Da u_1 positiv ist, wird hier das Moment negativ.

Bei diesen Betrachtungen wurden bisher noch keine mechanischen Verluste berücksichtigt. Um die Bremsleistung P_t an der Welle zu erhalten, müssen diese Verluste hier nun addiert werden. Die Wassermengenverluste bedeuten hier eine Verminderung der Bremswirkung und müssen deshalb, wie früher, von der aus der Düse tretenden Wassermenge subtrahiert werden.

3. Die Änderung des Drehmomentes und der Leistung bei konstantem Gefälle und konstantem Nadelhub

Im Triebgebiet

Nach Gl. (3) (Seite 11) ist die Umfangskraft bei idealer Strömung und vollständiger Umlenkung des Wassers in den Schaufeln um $180°$ ($\beta_1 = 0°$, $\beta_2 = 180°$) gegeben durch:

$$F_p = \frac{2 \cdot Q \cdot \gamma}{g}\,(c_1 - u_1)$$

Der wirksame Hebelarm für diese Kraft ist R_1 (Radius des Laufrades) und damit wird das Drehmoment M_H gegeben durch

$$M_H = F_p \cdot R_1 = \frac{2 \cdot \gamma \cdot Q}{g}\,(c_1 - u_1) \cdot R_1 \tag{23}$$

Da nun bei der *Pelton*-Turbine, als Gleichdruckturbine, die Wassermenge Q bei konstantem Gefälle und konstantem Nadelhub auch konstant bleibt, d. h. unabhängig von der Drehzahl n und damit von u_1 ist, und da ferner auch c_1 konstant bleibt, so können wir unter Vernachlässigung der Schlüpfung $\varDelta Q$ und des relativen Eintrittsverlustes $1 - v_1$ schreiben:

$$M_H = \frac{2 \cdot \gamma \cdot Q}{g}\,c_1 \cdot R_1 - \frac{2 \cdot \gamma \cdot Q}{g}\,R_1 \cdot u_1$$

oder

$$\underline{M_H = A - B \cdot u_1} \tag{24}$$

wo nun

$$A = \frac{2 \cdot \gamma \cdot Q}{g}\,R_1 \cdot c_1$$

und

$$B = \frac{2 \cdot \gamma \cdot Q}{g}\,R_1$$

wobei A und B Konstante bedeuten. Das Drehmoment ist somit eine lineare Funktion der Umfangsgeschwindigkeit u_1 und damit der Drehzahl.

Die Leistung P_H ergibt sich dann aus:

$$P_H = M_H \cdot \omega = M_H \cdot \frac{u_1}{R_1}$$

und aus Gl. (23) folgt nun:

$$P_H = \frac{2 \cdot \gamma \cdot Q}{g}\,(c_1 - u_1) \cdot R_1 \cdot \frac{u_1}{R_1}$$

d. h.

$$P_H = \frac{2 \cdot \gamma \cdot Q}{g}\,(c_1 \cdot u_1 - u_1^2) \tag{25}$$

Die Leistung ist somit eine quadratische Funktion von u_1, d. h. der Drehzahl n. Wir können auch schreiben:

$$\underline{P_H = A_1 \cdot n - B_1 \cdot n^2} \quad \text{(quadratische Parabel)} \tag{26}$$

Ist z. B. für die Nenndrehzahl n_n die Leistung P_{Hn} vorgeschrieben, so können die Konstanten A_1 und B_1 leicht bestimmt werden. Es ist:

$$P_{Hn} = A_1 \cdot n_n - B_1 \cdot n_n^2 \tag{a}$$

Anderseits gilt für das Maximum der Leistung

$$\frac{dP_H}{dn} = A_1 - 2 \cdot B_1 \cdot n = 0$$

die Drehzahl $$n = \frac{A_1}{2\,B_1}$$

die nun mit der Nenndrehzahl n_n übereinstimmen soll. Wir erhalten somit:

$$n_n = \frac{A_1}{2\,B_1}$$

und damit

$$A_1 = 2 \cdot B_1 \cdot n_n \tag{b}$$

Setzen wir dies in die Gl. (a) ein, so folgt:

$$B_1 = \frac{P_{Hn}}{n_n{}^2}$$

und $$A_1 = 2 \cdot \frac{P_{Hn}}{n_n}$$

Schließlich folgt dann:

$$P_H = P_{Hn} \cdot \left(2\,\frac{n}{n_n} - \frac{n^2}{n_n{}^2}\right) \tag{27}$$

oder auch: $$P_H = P_{Hn} \cdot \left(2\,\frac{u}{u_n} - \frac{u^2}{u_n{}^2}\right) \tag{27 a}$$

Die Leistung P_H verschwindet für $u = 0$ und $u_{\max} = 2 \cdot u_n$.

Im Gebiet u negativ ($u < 0$) ist das Drehmoment gegeben durch:

$$M_H = A_2 + B_2 \cdot u \tag{28}$$

und für die Leistung erhalten wir:

$$P_H = (A_2 + B_2 \cdot u) \cdot (-u) = -(A_3 \cdot u + B_3 \cdot u^2) \tag{29}$$

die somit auch negativ wird.

Wenn wir wie vorher annehmen, daß auch im **Gebiet $u > u_{\max}$** der Impulssatz in der früher benützten Formulierung gilt, so erhalten wir für das Drehmoment dieselbe Gleichung wie im Triebgebiet.

$$M_H = A_4 - B_4 \cdot u \tag{30}$$

und für Leistung wird

$$P_H = A_5 \cdot u - B_5 \cdot u^2 \tag{31}$$

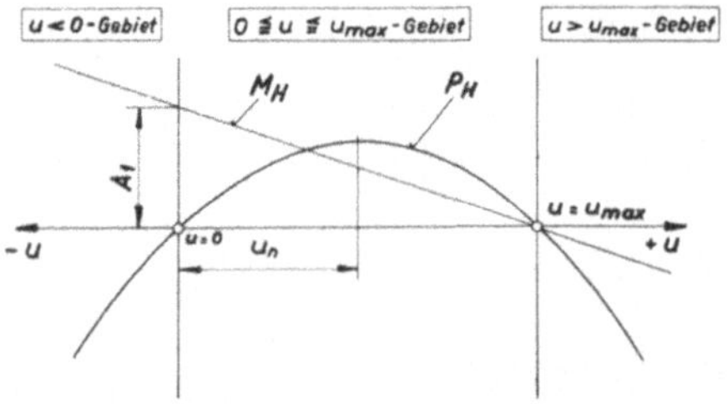

Bild 5. Theoretische Darstellung des hydraulischen Momentes und der Leistung für alle Betriebsgebiete, d. h. $u < 0$, $0 \leqq u \leqq u_{\max}$ und $u > u_{\max}$

Da in Gl. (30) das Glied $B_4 \cdot u$ größer als A_4 ist, wird das Moment negativ. Da auch in Gl. (31) $B_5 \cdot u^2$ größer als $A_5 \cdot u$ ist, so wird die Leistung ebenfalls negativ.

Die hydraulischen Moment- und Leistungskurven für alle Betriebsgebiete können daher theoretisch in Bild 5 dargestellt werden.

4. Die Wirkungsgrade der Freistrahlturbine bei variablem Gefälle

Im folgenden soll die Gefällsabhängigkeit der nachstehenden Wirkungsgrade untersucht werden.

a) Wassermengenwirkungsgrad η_Q,
b) Gefällswirkungsgrad η_H,
c) hydraulischer Wirkungsgrad η_h,
d) mechanischer Wirkungsgrad η_m,
e) totaler Wirkungsgrad η_t.

a) Änderung des Wassermengenwirkungsgrades einer bestimmten Turbine bei variablem Gefälle.

Auf Seite 14 wurde der Wassermengenwirkungsgrad wie folgt definiert:

$$\eta_Q = \frac{Q - \Delta Q}{Q} = 1 - \frac{\Delta Q}{Q}$$

Q durch die Düse fließende Wassermenge,
ΔQ Verlustwassermenge infolge Schlüpfung.

Die Verlustwassermenge ΔQ ist abhängig von
der Anzahl Laufradschaufeln z_2*),
der Kennzahl K_{u_1},
der Formgebung der Laufradschaufeln,
der Strahldivergenz,
der Erdbeschleunigung,
dem Luftwiderstand, den der aus der Düse austretende Wasserstrahl bis zum Auftreffen auf den Becher erfährt. (Steht in einem gewissen Zusammenhang mit der Strahldivergenz.)

Auftreffende Wasserteilchen sollen ihre kinetische Energie vollständig an das Laufrad abgeben können. Je größer die Schaufelzahl ist, desto geringer ist der Wassermengenverlust und damit der Energieverlust. Doch soll die Zahl der Becher auch wieder nicht größer als unbedingt erforderlich sein. Die Untersuchungen in der bereits erwähnten Arbeit von *F. Taygun**) über den Einfluß der Schaufelzahl führten zu der folgenden Formel zur Bestimmung der Schaufelzahl:

$$z_2 = 0{,}5\,m + 15 \qquad \text{für} \qquad 6{,}5 < m < 35$$

wobei
$$m = \frac{D_1}{d_1} = \frac{\text{Strahlkreisdurchmesser}}{\text{Strahldurchmesser}}$$

Der gleichen Arbeit*) kann für die Mindestschaufelzahl $z_{2\,\min}$ die Formel entnommen werden:

$$z_{2\,\min} = \frac{\pi}{\text{arc cos}\left[\dfrac{1 + \dfrac{1}{m}}{1 + \dfrac{2k}{m}}\right] - \dfrac{K_{u_1}}{K_{c_1}} \cdot \dfrac{1}{m} \cdot \sqrt{4\,k^2 + 4\,k\,m - 2\,m - 1}}$$

---

*) Siehe *F. Taygun:* Diss. E. T. H. 1946.

wobei $$k = \frac{\text{Schaufelvorstand } \delta}{\text{Strahldurchmesser } d_1} \quad \text{(vgl. Bild 6)}$$

Aus der Beziehung für $z_{2\,min}$ ist ersichtlich, daß

$$z_2 = f(K_{u_1}, m, K_{c_1}, k) \tag{32}$$

Für unsere Diskussion betrachten wir eine bestimmte Turbine und nehmen den Hub der Düsennadel als konstant an. Die Werte für K_{c_1} und k sind vom Nadelhub abhängig und somit dann auch konstante Größen. Einen großen Einfluß auf die Schaufelzahl haben m und K_{u_1}. Je größer m wird, desto mehr Schaufeln müssen gewählt werden. Unter unserer Voraussetzung (konstanter Düsennadelhub) ist aber auch m konstant, so daß nur noch K_{u_1} die Schaufelzahl beeinflußt. Aus der obigen Formel für $z_{2\,min}$ geht hervor, daß bei zunehmendem K_{u_1} die Schaufelzahl z_2 größer gewählt werden muß, wenn Schlüpfung verhütet werden soll. Es ist ersichtlich, daß bei einem bestimmten Wert von K_{u_1} der Nenner der Gleichung für $z_{2\,min}$ Null wird und damit würde $z_{2\,min}$ unendlich groß.

Der Zusammenhang von K_{u_1} und $z_{2\,min}$ läßt sich aus den Konstruktionsdaten berechnen. Im Fall der untersuchten Freistrahlturbine ist:

$$s = s_{max} \quad \text{(größter Nadelhub)}$$
$$k \sim 1$$
$$k_{c_1} = 0{,}994 \text{ bei vollem Nadelhub}$$

und $\quad m = 8{,}5 \; (D_1 = 450\,\text{mm}, \; d_1 = 53\,\text{mm})$

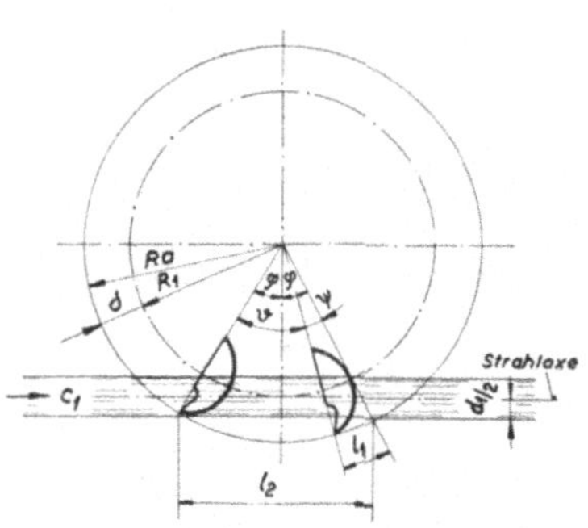

Bild 6. Darstellung zur Berechnung der Mindestschaufelzahl $z_{2\,min}$ des Turbinenlaufrades

$$\varphi = \arccos\left(\frac{1 + \dfrac{1}{m}}{1 + \dfrac{2k}{m}}\right)$$

$R_1 = \dfrac{D_1}{2} =$ Radius des Rades

$R_a =$ Außenradius des Rades

$\vartheta_{max} = 2\varphi - \psi =$ Teilungswinkel

Damit keine Schlüpfung eintritt, muß:

$$\frac{l_1}{u_a} \geqq \frac{l_2}{c_1}$$

Somit lassen sich aus der angegebenen Formel die Mindestschaufelzahlen berechnen. Sie sind in Abhängigkeit von K_{u_1} in der folgenden Tabelle 1 angeführt und in Bild 7 dargestellt.

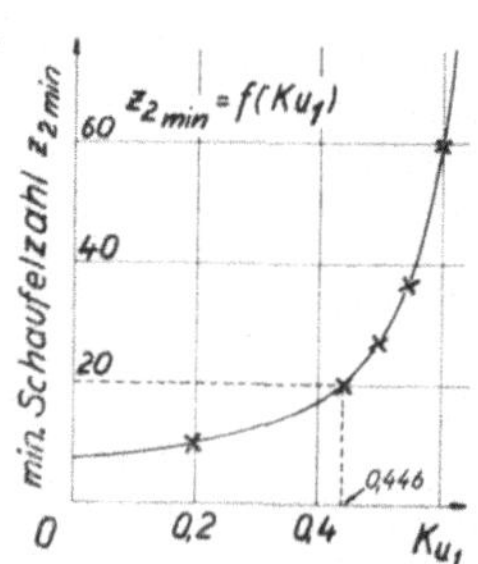

Bild 7. $z_{2\,min} = f(K_{u_1})$ für unsere Versuchsturbine

$z_{2\,n} = 20 =$ Schaufelanzahl des Versuchsturbinenlaufrades

Tabelle 1

Zusammenhang von K_{u_1} und $z_{2\,min}$ für die untersuchte Freistrahlturbine

$$K_{u_1} = \frac{u_1}{\sqrt{2gH}} = \text{dimensionslose Kennzahl}$$

$z_{2\,min} =$ Mindestschaufelzahl des Freistrahlturbinenlaufrades

Pkt.	K_{u_1}	$z_{2\,min}$
1	0	7,1
2	0,2	10,05
3	0,4	17,2
4	0,446	20
5	0,5	26,7
6	0,55	36,7
7	0,6	59,5
8	0,65	152,4
9	0,682	∞

Wie bereits erwähnt wurde, sollte bei einer Zunahme von K_{u_1} auch die Schaufelzahl z_2 vergrößert werden. Da aber bei einer bestimmten Turbine $z_2 = z_{2\,min}$ nicht geändert werden kann, vergrößert sich der Wassermengenverlust infolge immer größer werdender Schlüpfung.

$$\Delta Q = f\,(K_{u_1})$$

Zur Diskussion von K_{u_1} sei noch folgendes gesagt:

Für die Impulskraft F_p fanden wir bei idealer Strömung nach Gl. (3), Seite 11, die Beziehung

$$F_p = \frac{2 \cdot Q \cdot \gamma}{g}\,(c_1 - u_1)$$

Es gilt in unserem Fall $\quad Q = \frac{\pi}{4}\,d_1{}^2 \cdot K_{c_1} \cdot \sqrt{2\,g\,H}$

wobei $\qquad\qquad d_1$ kleinster Strahldurchmesser

$\qquad\qquad\qquad K_{c_1}$ Durchflußkoeffizient

und dies eingesetzt, gibt:

$$F_p = 2\,\frac{\gamma}{g} \cdot \frac{\pi}{4}\,d_1{}^2 \cdot K_{c_1} \cdot \sqrt{2\,g\,H} \cdot (K_{c_1} - K_{u_1}) \cdot \sqrt{2\,g\,H}$$

oder: $\qquad\quad F_p = \pi \cdot \gamma \cdot K_{c_1} \cdot (K_{c_1} - K_{u_1}) \cdot d_1{}^2 \cdot H$

dies, reduziert auf 1 m Gefälle und 1 m Strahldurchmesser, ergibt:

$$F_{p_{11}} = \frac{F_p}{d_1{}^2 \cdot H} = \pi \cdot K_{c_1} \cdot (K_{c_1} - K_{u_1}) \cdot \gamma$$

Für

$$K_{u_1} = 0 \ \text{wird}\ F_{p_{11}} \ \text{maximal}$$

und für

$$K_{u_1\,max} = K_{c_1} \ \text{wird}\ F_{p_{11}} \ \text{gleich Null.}$$

Theoretisch gilt für Freistrahlturbinen:

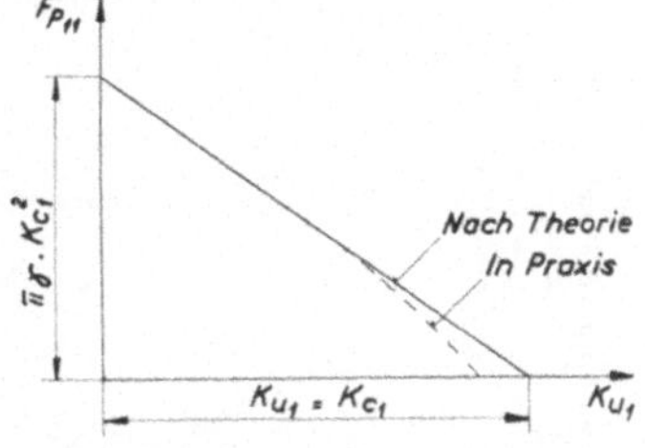

Bild 8. Impulskraft reduziert auf 1 m Gefälle und 1 m Strahldurchmesser $(F_{p_{11}})$ in Funktion der K_{u_1} nach Theorie und in Praxis

$$\frac{K_{c_1}}{K_{u_1}} = \frac{K_{u_1\,max}}{K_{u_1}} = \frac{\text{Durchgangsdrehzahl}}{\text{Nenndrehzahl}} = 2{,}0$$

Praktisch wird dieser Wert infolge der Schlüpfung und den Lager- und Ventilationsverlusten nicht erreicht, wie dies auch das Bild 8 zeigt;

es wird $\qquad\qquad\qquad \dfrac{K_{u_1\,max}}{K_{u_1}} \sim 1{,}8$

Die Schlüpfung ist minimal, wenn $K_{u_1} = 0$, und maximal, wenn $K_{u_1} = K_{u_1\,max}$.

Es gilt $\qquad\qquad\qquad \Delta Q = f\,(K_{u_1})$ $\qquad\qquad\qquad$ (32a)

und da $\qquad\qquad K_{u_1} = \dfrac{u_1}{\sqrt{2\,g\,H}} = \dfrac{\pi \cdot D_1 \cdot n}{60 \cdot \sqrt{2\,g\,H}}$

so folgt $\qquad\qquad\qquad \Delta Q = f\left(\dfrac{1}{\sqrt{H}}\right)$ $\qquad\qquad\qquad$ (33)

Dies gilt jedoch nur, wenn bei variablem H die Drehzahl n konstant bleibt. Wenn jedoch K_{u_1} konstant bleibt, so bleibt auch ΔQ konstant.

Über die Formgebung der Schaufel sei gesagt, daß Breite, Tiefe und Länge der Becher so gewählt werden müssen, daß der ganze Strahl innerhalb der Schaufel auf die Schneide auftrifft. Der Schaufelaustrittswinkel β_2 muß so gewählt sein, daß das Wasser nicht auf die nächstfolgende Schaufel zurückschlägt.

Über den günstigsten Zusammenhang von Strahldurchmesser- und Schaufelabmessungen sind in der Literatur viele empirisch ermittelte Beziehungen vorhanden.

Die Strahldivergenz oder Streuung hat ebenfalls einen Einfluß auf die Wasserverluste. Die Arbeiten von Prof. *Oguey* und *M. Mamin* beschäftigen sich mit dem Einfluß der Streuung*). Es konnte festgestellt werden, daß bei steigendem Gefälle die Streuung zunimmt. Ferner haben diese Untersuchungen gezeigt, daß die Streuung im wesentlichen von der Turbulenz abhängt, weniger vom Luftwiderstand. Auch geben zwei geometrisch ähnliche Düsen keine ähnlichen Strahlen**).

Somit ist also die Divergenz direkt abhängig von der *Reynolds*schen Zahl $R_e = \dfrac{c_1 \cdot d_1}{\nu}$, wobei

$c_1 =$ Wassergeschwindigkeit in m s^{-1},
$d_1 =$ Durchmesser an der zu prüfenden Stelle in m,
$\nu =$ kinematische Zähigkeit in m^2 s^{-1}

und

$$c_1 = f\left(\sqrt{H}\right)$$

Die kinematische Zähigkeit variiert mit der Wassertemperatur nach der Kurve***) in Bild 9.

Also können wir schreiben bei konstanter Temperatur:

$$R_e = f\left(\sqrt{H}\right) \tag{34}$$

und somit

$$\Delta Q = f\left(\sqrt{H}\right) \tag{35}$$

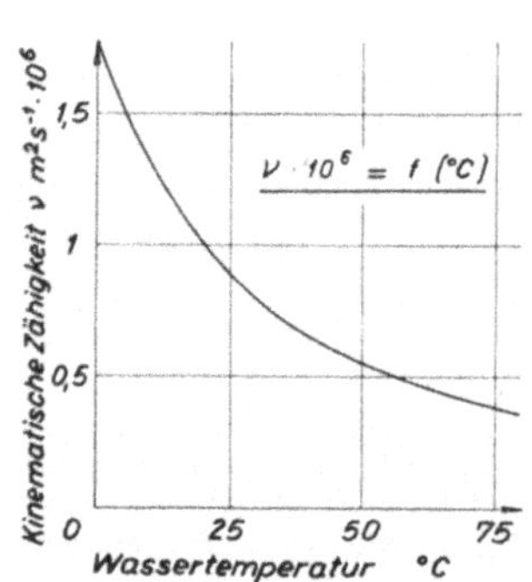

Bild 9. Kinematische Zähigkeit ν in Funktion der Wassertemperatur t in °C

Die Streuung hängt auch stark von der konstruktiven Ausbildung und den Abmessungen der Düse und der Nadel, von der Lagerung der Nadelstange, vom Verlauf der Rohrleitung vor der Düse, von der Entfernung eines Drosselorganes in dieser Leitung, von der Düse und von der Ausbildung des Gleichrichters ab.

Die Wirkung der Erdbeschleunigung ist gering, da der Weg, den der Strahl von der Düsenmündung bis zur Schaufel zurücklegen muß, klein

---

*) Bulletin Technique de la Suisse Romande, Nr. 21/22, vom 14. und vom 28. Oktober 1944.
**) Siehe auch *R. Camerer:* „Vorlesungen über Wasserkraftmaschinen", 1924.
***) Darstellung nach angegebenen Werten in „Angewandte Hydraulik" von Prof. *R. Dubs,* S. 26.

ist. Will man die Erdbeschleunigung trotzdem berücksichtigen, so kann bei horizontaler Welle gesetzt werden:

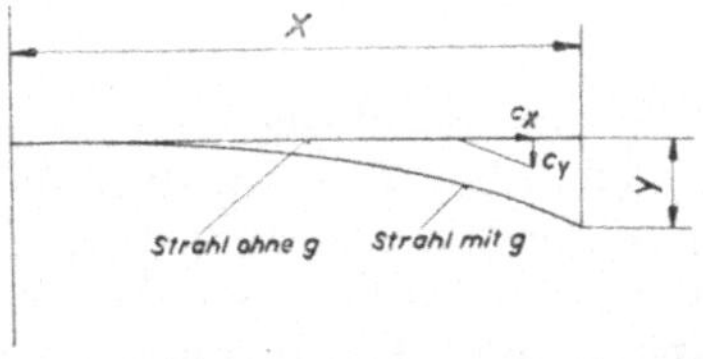

$$c_x = k \cdot \sqrt{2\,g\,H}$$

$$c_y = g \cdot t$$

$$x = c_x \cdot t = k \cdot \sqrt{2\,g\,H} \cdot t$$

oder

$$t = \frac{x}{k \cdot \sqrt{2\,g\,H}}$$

Bild 10. Wirkung der Erdbeschleunigung g auf einen Wasserstrahl

$$y = \frac{1}{2} \cdot g \cdot t^2 = \frac{1}{2} \cdot g \cdot \left(\frac{x}{k \cdot \sqrt{2\,g\,H}} \right)^2 = \frac{x^2}{4 \cdot k^2 \cdot H}. \tag{36}$$

Die Verlustwassermenge ist eine Funktion der infolge der Erdbeschleunigung eintretenden Ablenkung y:

$$\varDelta Q = f(y) \quad \text{oder} \quad \varDelta Q = f\left(x^2, \frac{1}{H}\right) \tag{37}$$

d. h. je größer x (Abstand der Düse vom Laufrad) ist, um so größer ist $\varDelta Q$. Je größer H, um so kleiner ist $\varDelta Q$.

Bei früher durchgeführten Versuchen an ins Freie spritzenden Freistrahldüsen*) wurde durch Messung der Strahllängen bei verschiedenen Gefällen der Einfluß des Luftwiderstandes festgestellt. Aus den dabei gefundenen Resultaten kann gefolgert werden, daß für eine so kurze freie Strahlstrecke, wie in unserem Falle, der Luftwiderstand eine vernachlässigbar kleine Rolle spielt.

Fassen wir die Einflüsse der vorher besprochenen Faktoren zusammen, so kann zur Beurteilung des Anteils oder der Größenordnung des Verlustwassers geschrieben werden:

$$\varDelta Q = f(K_{u_1},\ c_1,\ R_e,\ g,\ x) \tag{38}$$

Wir können jedoch sagen, daß bei all den besprochenen Einflüssen die *Reynolds*sche Zahl R_e und die Größe K_{u_1} den weitaus größten Einfluß auf die Wasserverluste ausüben. Die anderen Faktoren dürfen vernachlässigt werden.

Mit dieser Schlußfolgerung wird

$$\varDelta Q = f(R_e,\ K_{u_1}) \tag{38a}$$

Den Zusammenhang der *Reynolds*schen Zahl R_e mit dem Gefälle H fanden wir mit Gl. (34)

$$R_e = f\left(\sqrt{H}\right)$$

Ferner ist nach Gl. (32a) und (33)

$$K_{u_1} = f\left(\frac{1}{\sqrt{H}}\right)$$

---

*) Escher-Wyß-Mitt. Nr. 5, September 1928: „Versuche an Düsen für Freistrahlturbinen mit natürlichem Gefälle".

somit gilt:

$$\Delta Q = f\left(\frac{\sqrt{H}}{\sqrt[4]{H}}\right) \tag{39}$$

d. h. die Einflüsse von K_{u_1} und R_e können sich teilweise kompensieren.

Ob aber der Einfluß der *Reynolds*schen Zahl R_e (infolge der Strahldivergenz) denjenigen von K_{u_1} überwiegt, läßt sich auf rechnerischem Wege nicht bestimmen, so daß im weiteren angenommen wird, das Gefälle H übe keinen Einfluß auf die Größe der Schlüpfung ΔQ aus und der Wassermengenwirkungsgrad η_Q bleibe konstant.

Wenn hingegen K_{u_1} konstant bleibt, dann würde bei zunehmendem Gefälle H der Wassermengenwirkungsgrad η_Q eher sinken.

b) Änderung des Gefällswirkungsgrades bei variablem Gefälle

Der Gefällswirkungsgrad η_H wurde auf Seite 14 wie folgt definiert:

$$\eta_H = \frac{H - \Delta H}{H} = 1 - \frac{\Delta H}{H}.$$

Der totale Druckverlust setzt sich aus folgenden Einzelverlusten zusammen:

1. Druckverlust infolge der Reibung im Turbineneinlauf $H_{v_{e \div 0}} = \zeta_1 \cdot H$.

2. Druckverlust infolge Reibung des freien Wasserstrahles mit der umgebenen Luft $H_{v_{0 \div 1}} = \zeta_2 \cdot H$.

3. Beim Auftreffen des Strahles auf die Schaufeln entsteht infolge Stoßes ebenfalls ein Druckverlust. Er werde mit $H_{v\,\mathrm{St}}$ bezeichnet (s. Seite 12).

4. Druckverlust infolge Reibung längs der Schaufeln $H_{v_{1 \div 2}}$ (vgl. Seite 12).

Diese Druckverluste können durch das Gefälle ausgedrückt werden. Wir schreiben:

$$H_{v_{e \div 0}} + H_{v_{0 \div 1}} + H_{v\,\mathrm{St}} + H_{v_{1 \div 2}} = \zeta \cdot H \tag{40}$$

Zu den bereits erwähnten Verlusten muß auch der Austrittsverlust, d. h. die kinetische Energiehöhe des mit der Geschwindigkeit c_a oder c_2 aus dem Laufrad tretenden Wassers gezählt werden.

Für den totalen Druckverlust ΔH kann also geschrieben werden:

$$\Delta H = \zeta \cdot H + \frac{c_2^2}{2\,g} \tag{41}$$

Es war:

$$\eta_H = 1 - \frac{\Delta H}{H}$$

Setzen wir nun für ΔH den gewonnenen Ausdruck ein, so folgt:

$$\eta_H = 1 - \frac{\zeta \cdot H + \dfrac{c_2^2}{2\,g}}{H}$$

oder

$$\eta_H = 1 - \zeta - K_{c_2}^2 \tag{42}$$

Da die Druckverluste $H_{v_{e \div 0}}$, $H_{v_{0 \div 1}}$ und $H_{v_{1 \div 2}}$ hauptsächlich durch Reibung bedingt sind, setzen wir:

$$H_{vR} = H_{v_{e \div 0}} + H_{v_{0 \div 1}} + H_{v_{1 \div 2}}$$

und nennen $H_{vR} =$ Reibungsverlust.

Zur Berechnung des Druckverlustes infolge Reibung ist uns nachstehende Beziehung bekannt:

$$H_{vR} = \xi \cdot L \cdot \frac{U}{f} \cdot \frac{c^2}{2\,g}. \tag{43}$$

$\xi =$ Reibungszahl (abhängig von R_e und der relativen Rauhigkeit).
$L =$ Länge der betrachteten Rohrleitung bzw. Länge des freien Wasserstrahls.
$\dfrac{f}{U} =$ hydraulischer Radius. Dieser ist für den Strahl getrennt zu berechnen.

Unter der Voraussetzung, daß ξ konstant bleibt, kann nach Gl. (43) für diesen Druckverlust ganz allgemein geschrieben werden:

$$H_{vR} = k_R \cdot c^2 = k_{R_1} \cdot Q^2 \tag{44}$$

wobei

$$k_{R_1} =$$ Reibungskonstante

Mit den Nenndaten der untersuchten Turbine wird:

$$H_{vR_n} = k_{R_1} \cdot Q_n{}^2$$

oder

$$k_{R_1} = \frac{H_{vR_n}}{Q_n{}^2}$$

Setzen wir diesen Wert für k_{R_1} in Gl. (44) ein, so folgt:

$$H_{vR} = \frac{H_{vR_n}}{Q_n{}^2} \cdot Q^2$$

Es war $Q = f\left(\sqrt{H}\right)$
oder $Q^2 = f(H)$
und somit ist auch:

$$H_{vR} = f(H) \tag{45}$$

Der relative Druckverlust $\dfrac{H_{vR}}{H} = \zeta_1 + \zeta_2$ wäre dann konstant bei variablem Gefälle, wenn der Einfluß der *Reynolds*schen Zahl R_e auf die Reibungszahl ξ vernachlässigt wird.

Die zusätzlichen *Stoßverluste* können mit der Nenndrehzahl n_n der Turbine durch folgende Gleichung ausgedrückt werden:

$$H_{v\,\mathrm{St}} = k_{\mathrm{St}} \cdot \left(\frac{n - n_n}{n_n}\right)^2 \cdot H$$

$H_{\mathrm{St}} =$ Gefällsverlust infolge Stoß
$k_{\mathrm{St}} =$ Stoßkonstante
$H =$ Gefälle

Der Faktor $\left(\dfrac{n - n_n}{n_n}\right)$ ist dimensionslos, so daß auch für die Stoßverluste die nachfolgende einfache Beziehung gilt:

$$H_{v\,\mathrm{St}} = f(H)$$

Also könnte, wenn k_{St} konstant wäre, geschrieben werden:

$$H_{v\,\mathrm{St}} = f(H) \tag{46}$$

Da nun aber die Reibungszahl ξ eine Funktion der *Reynolds*schen Zahl R_e und der relativen Rauhigkeit δ ist, so variiert ξ mit H.

$$R_e = \frac{c \cdot d}{v}$$

$$\delta = \frac{2\,s}{d}$$

$$s = \text{absolute Unebenheit der Wandung}$$

Wenn die *Reynolds*sche Zahl R_e des Wassers im Turbineneinlauf bestimmt werden soll, so können für eine bestimmte Turbine bei gleichbleibendem Nadelhub die Werte für d und s als konstant betrachtet werden. Ebenso kann d bei der Berechnung von R_e des freien Wasserstrahles als eine konstante Größe genommen werden. Da kleine Änderungen der Wassertemperatur die *Reynolds*sche Zahl kaum beeinflussen, ist die Reibungszahl nur mehr eine Funktion der Wassergeschwindigkeit c

$$\xi = f(c)$$

wobei $\qquad\qquad c \sim \sqrt{2\,g\,H}$

oder $\qquad\qquad c \sim \sqrt{H}$

und hiermit auch $\qquad \xi = f\left(\sqrt{H}\right) \tag{47}$

Aus den später beschriebenen Versuchen ist zu ersehen, daß sich die *Reynolds*sche Zahl R_e in den Grenzen von 20 000 und 80 000 bewegt

$$20\,000 \leqq R \leqq 80\,000$$

In diesem Bereich darf nach den Versuchen von *Blasius* gesetzt werden:

$$\xi = \frac{\text{konst.}}{\sqrt[4]{R_e}}$$

Da — wie eben gezeigt wurde — bei konstanten d und v die *Reynolds*sche Zahl R_e als Funktion von $\sqrt{H}$ allein ausgedrückt werden kann, gilt auch:

$$\xi = \frac{\text{konst.}}{\sqrt[4]{H^{1/2}}}$$

oder $\qquad\qquad \xi = f\left(\dfrac{1}{H^{1/8}}\right) \tag{48}$

Schlußendlich kann der Gefällswirkungsgrad η_H unter Berücksichtigung der erwähnten Verluste wie folgt formuliert werden:

$$\eta_H = 1 - \left(\frac{H_{v\,St}}{H} + \frac{H_{v\,R}}{H} + \frac{c_2{}^2}{2\,g\,H} \right)$$

oder $\qquad\qquad \eta_H = 1 - k_1 - f\left(\dfrac{k_2}{H^{1/3}} \right)$ $\qquad\qquad\qquad$ (49)

Theoretisch ist also nach dieser Beziehung bei zunehmendem Gefälle eine Vergrößerung des Wirkungsgrades η_H zu erwarten.

c) Änderung des hydraulischen Wirkungsgrades mit dem Gefälle

Der hydraulische Wirkungsgrad η_h ist das Produkt von Wassermengen- und Gefällswirkungsgrad [s. Gl. (14)]

$$\eta_h = \eta_Q \cdot \eta_H$$

Wie wir gesehen haben, ist bei konstantem K_{u_1} der Wassermengenwirkungsgrad η_Q praktisch vom Gefälle unabhängig, während z. B. bei einer Gefällsvergrößerung eine Erhöhung des Gefällswirkungsgrades und damit eine Verbesserung des hydraulischen Wirkungsgrades zu erwarten ist.

d) Änderung des mechanischen Wirkungsgrades mit dem Gefälle

Der mechanische Wirkungsgrad wurde nach Gl. (16) definiert zu

$$\eta_m = \frac{P_t}{P_h}$$

und die totale Leistung P_t der Turbine nach Gl. (15) zu:

$$P_t = P_h - \Delta P$$

$$\Delta P \doteq \text{mechanische Verlustleistung}$$

Damit wird

$$\eta_m = 1 - \frac{\Delta P}{P_h} \qquad\qquad\qquad (50)$$

Unter die mechanischen Verluste fallen die Lagerreibungs- und Ventilationsverluste.

Die Abhängigkeit des Reibungsmomentes M_R und des Ventilationsmomentes M_V ist durch folgende Beziehungen gegeben*).

$$M_R = K_1 \cdot n^{1/2}$$

$$M_V = K_2 \cdot n^2$$

Die Summe der beiden Momente ergibt

$$M_{R+V} = K_1 \cdot n^{1/2} + K_2 \cdot n^2$$

Daraus läßt sich die Leistung berechnen zu:

$$P_{R+V} = M_{R+V} \cdot \omega$$

oder, da ω der Drehzahl proportional ist,

---

*) *F. Taygun:* Dissertation E. T. H. 1946, S. 44.

$$P_{R+V} = A \cdot n^{3/2} + B \cdot n^3$$

wobei
$$A = K_1 \cdot \frac{\pi}{30}$$

und
$$B = K_2 \cdot \frac{\pi}{30}$$

A und B sind für ein bestimmtes Turbinenrad konstante Größen.

Da $n = f\left(\sqrt{H}\right)$ ist, schreiben wir weiter

$$P_{R+V} = A_1 \cdot \left(\sqrt{H^{3/2}}\right) + B_1 \cdot \left(\sqrt{H^3}\right)$$

oder
$$P_{R+V} = A_1 \cdot H^{3/4} + B_1 \cdot H^{3/2} \tag{51}$$

Die hydraulische Leistung nach Gl. (13) beträgt:

$$P_h = \eta_Q \cdot \eta_H \cdot P_d$$

Die disponible Leistung nach Gl. (5)

$$P_d = \gamma \cdot Q \cdot H$$

Nun ist $Q = f\left(\sqrt{H}\right)$;
für konstante Öffnung, und dies in die Gleichung für P_d eingesetzt, ergibt:

$$P_d = \text{konst.} \cdot H^{3/2}$$

damit wird

$$P_h = \text{konst.} \cdot \eta_Q \cdot \eta_H \cdot H^{3/2} \tag{52}$$

Mit dieser Gleichung für P_h, mit den gefundenen Gefällsabhängigkeiten von η_Q und η_H und mit der folgenden Gleichung für die Verlustleistung ΔP

$$\Delta P = P_{R+V} = A_1 \cdot H^{3/4} + B_1 \cdot H^{3/2}$$

ergibt sich für den mechanischen Wirkungsgrad:

$$\eta_m = 1 - \frac{A_1 \cdot H^{3/4} + B_1 \cdot H^{3/2}}{(\text{konst.}) \cdot \left(1 - \text{konst.} - \dfrac{\text{konst.}}{H^{1/8}}\right) \cdot (\text{konst.} \cdot H^{3/.})}$$

oder
$$\eta_m = 1 - \frac{A_1 \cdot H^{3/4} + B_1 \cdot H^{3/2}}{k_3 \cdot H^{3/2} - k_4 \cdot H^{3/2} - k_5 \cdot H^{11/8}}$$

$$\eta_m = 1 - \frac{A_1 \cdot H^{3/4} + B_1 \cdot H^{3/2}}{(k_3 - k_4) \cdot H^{3/2} - k_5 \cdot H^{11/8}} \tag{53}$$

Die Konstante

A_1 entspricht der Lagerreibung,
B_1 entspricht der Ventilation
und
k_3 ist hauptsächlich von der *Reynolds*schen Zahl,
k_4 von der *Reynolds*schen Zahl und dem Stoßkoeffizienten,
k_5 von der *Reynolds*schen Zahl und der Reibungszahl beeinflußt.

Der Einfluß der *Reynolds*schen Zahl auf k_3, k_4 und k_5 überwiegt den Einfluß der Lagerreibung und Ventilation auf A_1 und B_1. Bei einer Variation von H wird sich deshalb der Nenner der Gleichung η_m im größeren Maße ändern als der Zähler, und deshalb ist auch z. B. bei einer Vergrößerung des Gefälles eine Erhöhung des mechanischen Wirkungsgrades zu erwarten.

Ebenso variiert in der Gl. (50)

$$\eta_m = 1 - \frac{\Delta P}{\eta_Q \cdot \eta_H \cdot P_d}$$

bei einer Gefällsveränderung die Größe P_d stärker als ΔP, so daß auch hieraus bei einer Zunahme von H eine Verbesserung des mechanischen Wirkungsgrades resultiert.

Auf Grund der angeführten theoretischen Überlegungen sei zusammenfassend eine Diskussion der verschiedenen Wirkungsgrade durchgeführt:

Der Wassermengenwirkungsgrad η_Q ist hauptsächlich von der *Reynolds*schen Zahl R_e und von der Kennzahl K_{u_1} abhängig, während der Gefällswirkungsgrad η_H vorwiegend durch die Reibungszahl ξ beeinflußt wird.

Der mechanische Wirkungsgrad η_m hängt von den Lagerreibungs- und Ventilationsverlusten ab. Der totale Wirkungsgrad, als das Produkt dieser drei Einzelwirkungsgrade,

$$\eta_t = \eta_Q \cdot \eta_H \cdot \eta_m$$

ist von all den erwähnten Faktoren abhängig. Zudem ändert er sich auch mit der kinematischen Zähigkeit v. Diese Abhängigkeit kann der Kurve in Bild 11 (Dr. Ing. *R. Gregorig*)*) entnommen werden.

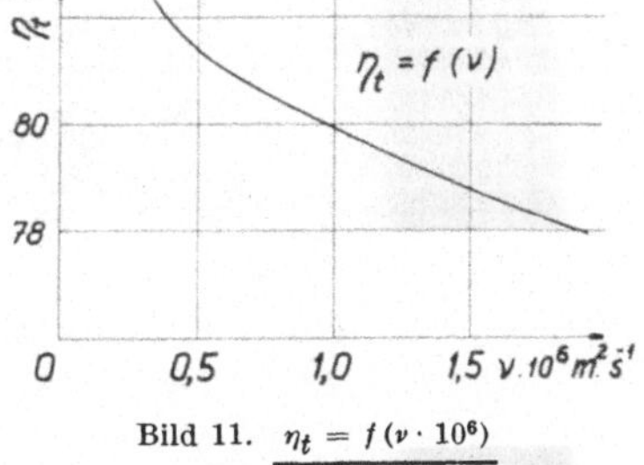

Bild 11. $\eta_t = f(v \cdot 10^6)$

η_t = totaler Wirkungsgrad in %
v = kinematische Zähigkeit in m² s⁻¹

Um die Gefällsabhängigkeit des totalen Wirkungsgrades beurteilen zu können, fassen wir die ermittelten Beziehungen für die verschiedenen Wirkungsgrade in einer Formel zusammen:

$$\eta_t = 1 - f\left(k_1 + \frac{k_2}{H^{1/8}}\right) \cdot \left(1 - \frac{A_1 \cdot H^{3/4} + B_1 \cdot H^{3/2}}{k_3 \cdot H^{3/2} - k_4 \cdot H^{3/2} - k_5 \cdot H^{11/8}}\right) \tag{54}$$

Im Falle einer Gefällsvergrößerung wird der totale Wirkungsgrad zunehmen.

Das kann auch sofort aus der Beziehung

$$\eta_t = \eta_Q \cdot \eta_H \cdot \eta_m$$

ersehen werden, denn η_H und η_m werden bei einer Gefällsvergrößerung vergrößert, während η_Q — bei konstantem K_{u_1} — nahezu unverändert bleibt oder dann nur sehr wenig (infolge Vergrößerung der Strahldivergenz) abnimmt.

B. Versuche

Die experimentellen Arbeiten für diese Dissertation wurden im Institut für Hydraulik und hydraulische Maschinen im Maschinenlaboratorium an der E. T. H. durchgeführt.

---

*) Schweiz. Bau-Ztg., Bd. 102, 7. Oktober 1933: „Der Wirkungsgrad einer Wasserturbine bei veränderlichem Gefälle, veränderlichen Dimensionen und Temperatur des Betriebswassers, jedoch gleicher spezifischer Schnelläufigkeit".

1. Die Beschreibung der Versuchseinrichtung

a) Allgemeine Versuchseinrichtung.
b) Maschinen.
c) Meßinstrumente.

a) Allgemeine Versuchseinrichtung

Die benützte Versuchsanlage ist aus dem Schema in Bild 12 ersichtlich. In Bild 13 sind sodann die elektrischen Verbindungen dargestellt.

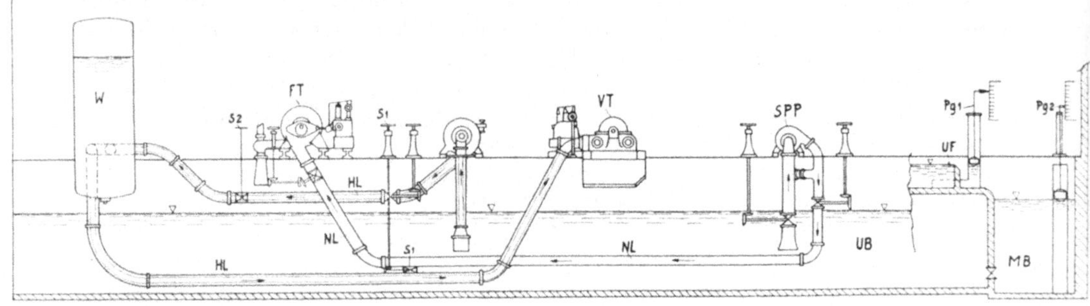

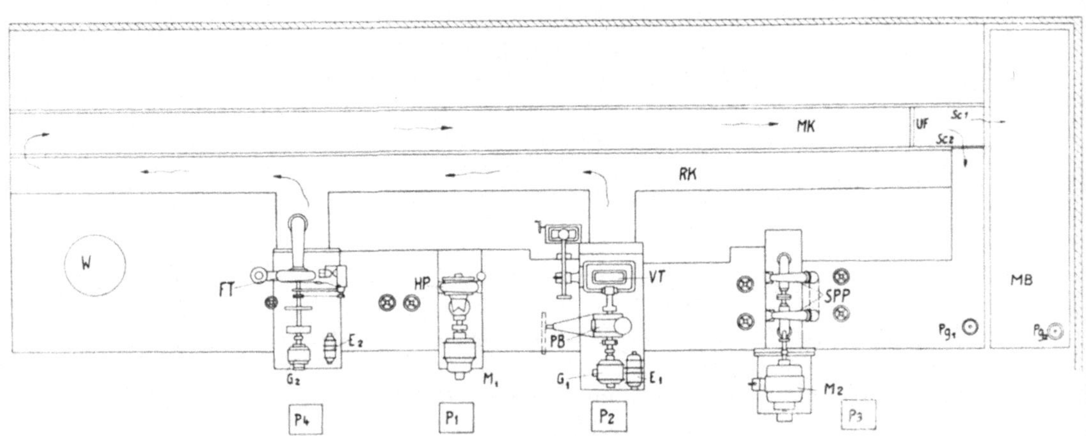

Bild 12. Allgemeine Versuchsanlage

HP = Hochdruckpumpe	S_1 = Schieber zur Verbindung der Hochdruckleitung mit der Niederdruckleitung
M_1 = Elektromotor zum Antrieb der Hochdruckpumpe	
	S_2 = Nebenschlußschieber
SPP = Serie-Parallel-Pumpe	RK = Rücklaufkanal
M_2 = Elektromotor zum Antrieb der Serie-Parallel-Pumpe	MK = Meßkanal
	UF = Überfall
VT = Versuchsturbine, eindüsige Freistrahlturbine	Sc_1 = Verstellbare Schütze
FT = *Francis*-Turbine	Sc_2 = Verstellbare Schütze
G_1 = Generator der Versuchsturbine	MB = Meßbehälter
G_2 = Generator der *Francis*-Turbine	Pg_1 = Schwimmerpegel für Überfall
E_1 = Erregergruppe des Generators G_1	Pg_2 = Schwimmerpegel des Meßbehälters
E_2 = Erregergruppe des Generators G_2	UB = Unterwasserbecken
PB = *Prony*sche Bremse	P_1 = Schalt- und Meßpult des Motors M_1
HL = Hochdruckleitung	P_2 = Schalt- und Meßpult des Generators G_1
LN = Niederdruckleitung	P_3 = Schalt- und Meßpult des Motors M_2
W = Windkessel	P_4 = Schalt- und Meßpult des Generators G_2

Die Anordnung war folgende:

Die Hochdruckpumpe *HP* fördert das Betriebswasser aus dem Unterwasserbecken *UB* durch die Hochdruckleitung *HL* über den Windkessel *W* (Inhalt 8,5 m³) zur Versuchsturbine *VT*, einer eindüsigen Freistrahlturbine. Der Windkessel gleicht kleinere Druckschwankungen aus. Nachdem das

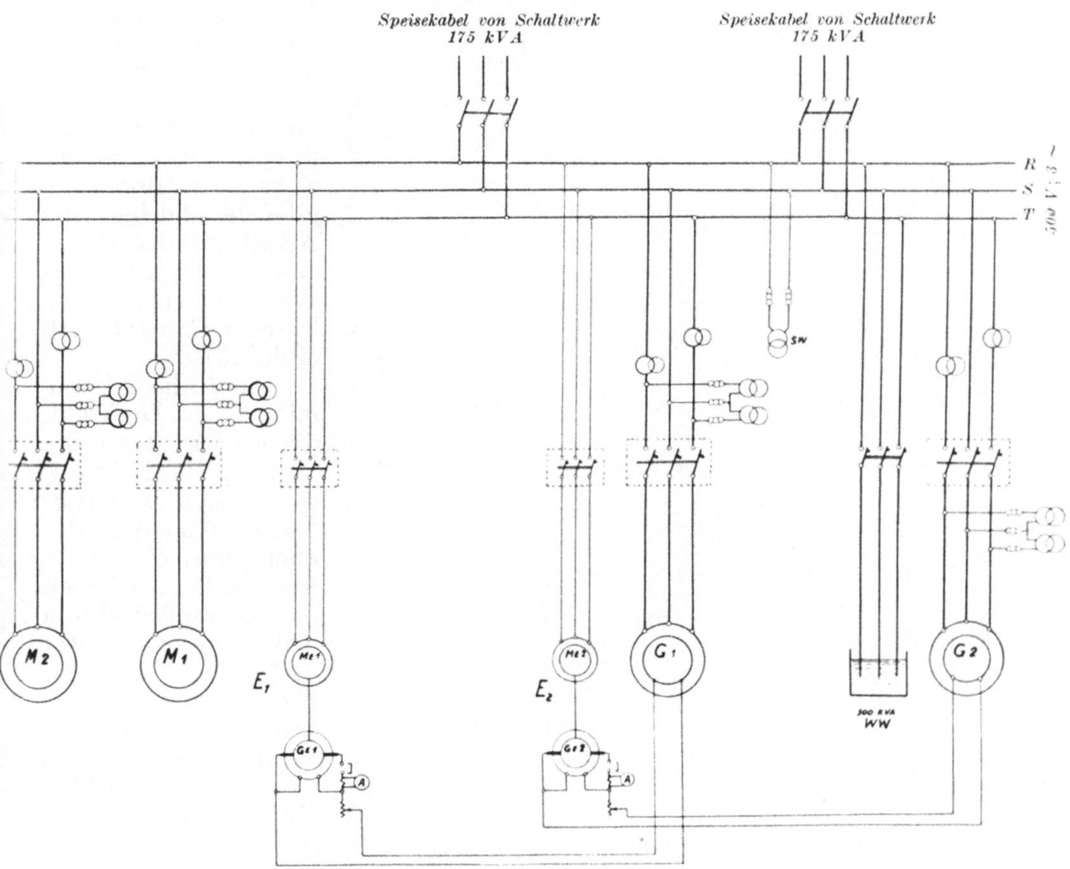

Bild 13. Elektrisches Schaltschema

M_1 = Elektromotor der Hochdruckpumpe (130 PS)
M_2 = Elektromotor der Serie-Parallel-Pumpe (170 PS)
G_1 = Generator der Versuchsturbine (47 kVA)
G_2 = Generator der *Francis*-Turbine (27 kVA)

E_1 = Erregergruppe des Generators G_1 (M_{E1} = 3,4 PS und G_{E1} = 1,85 kVA)
E_2 = Erregergruppe des Generators G_2 (M_{E2} = 2 PS und G_{E2} = 1,05 kVA)
WW = Wasserwiderstand (300 kVA)

Wasser in der Versuchsturbine Arbeit abgegeben hat, fließt es durch den Rücklaufkanal *RK* in den Meßkanal *MK*, wo die Schirm- und Überfallmessungen vorgenommen werden. Vom Meßkanal kann das Wasser durch Betätigung zweier Schützen entweder in den Meßbehälter *MB*, falls eine Behältermessung durchgeführt werden soll, oder direkt ins Unterwasserbecken zurückgeleitet werden.

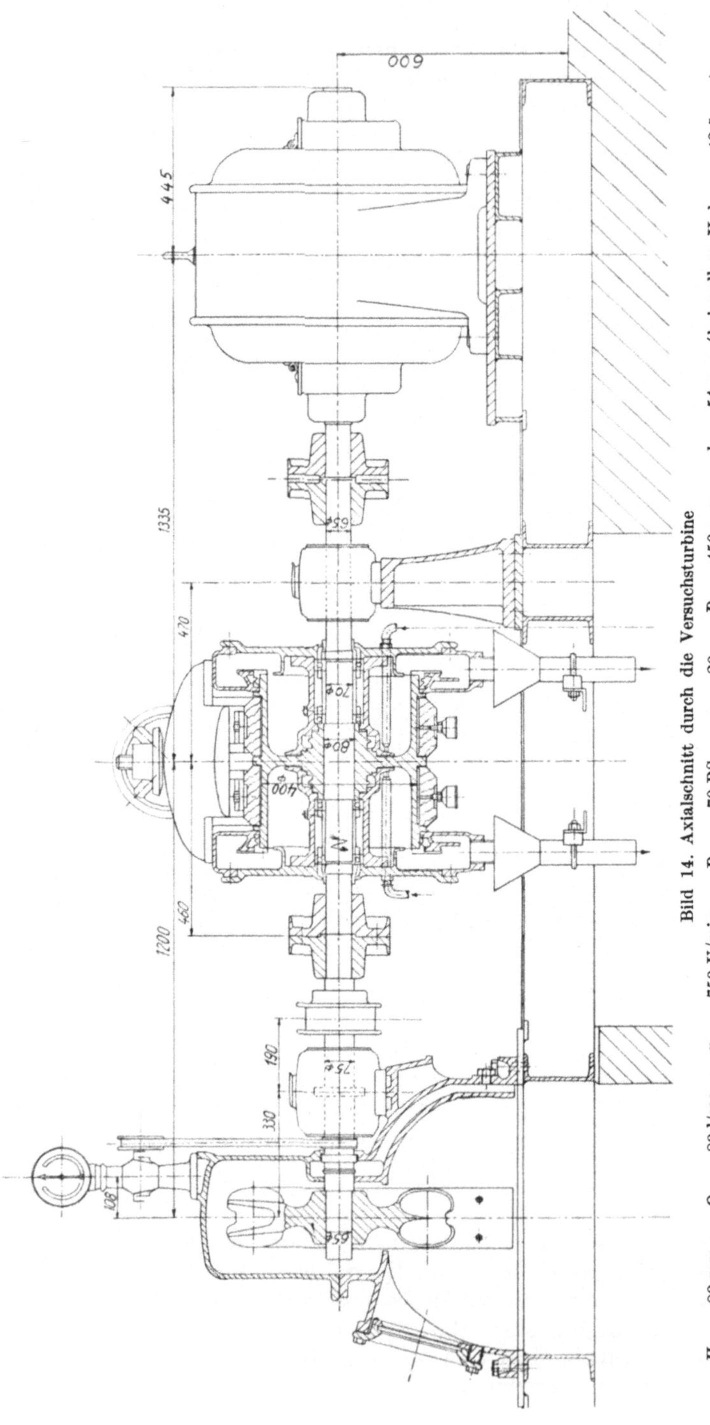

Bild 14. Axialschnitt durch die Versuchsturbine

$H_n = 80$ mm $\quad Q_n = 80$ l/sec $\quad n_n = 750$ U/min $\quad P_{t_n} = 70$ PS $\quad z_2 = 20 \quad D_1 = 450$ mm $\quad d_1 = 54$ mm (bei vollem Hub $s = 43{,}5$ mm)

Die Versuchsturbine ist mit einem *Prony*schen Bremszaum *PB* und dem Generator *EG* gekuppelt (s. auch Bild 14). Mit dem Bremszaum kann die Turbine mechanisch gebremst werden, wobei dann der Generator abgekuppelt ist. Bei der elektrischen Bremsung gibt die Turbine die Arbeit an den durch einen regulierbaren Wasserwiderstand belasteten Generator ab (Bild 13).

Damit die Turbine mit einer Drehzahl, die größer ist als die Durchgangsdrehzahl ($u > u_{max}$), angetrieben werden kann, oder auch um sie rückwärtslaufen zu lassen ($u < 0$), muß sie durch den jetzt als Motor wirkenden Generator *EG* angetrieben werden. Dieser erhält den Strom von dem mit der *Francis*-Turbine *FT* gekuppelten Generator *FG*.

Die Betriebswassermenge für die *Francis*-Turbine liefert die Serie-Parallel-Pumpe *SPP*, die das Wasser aus dem Unterwasserbecken *UW* ansaugt und es in die Niederdruckleitung *NL* drückt. Die Pumpe wird durch einen Doppelrotormotor angetrieben, der mit neun verschiedenen

Die eindüsige Freistrahlturbine mit abnormaler Laufradanordnung. Der Gehäuseoberteil ist entfernt

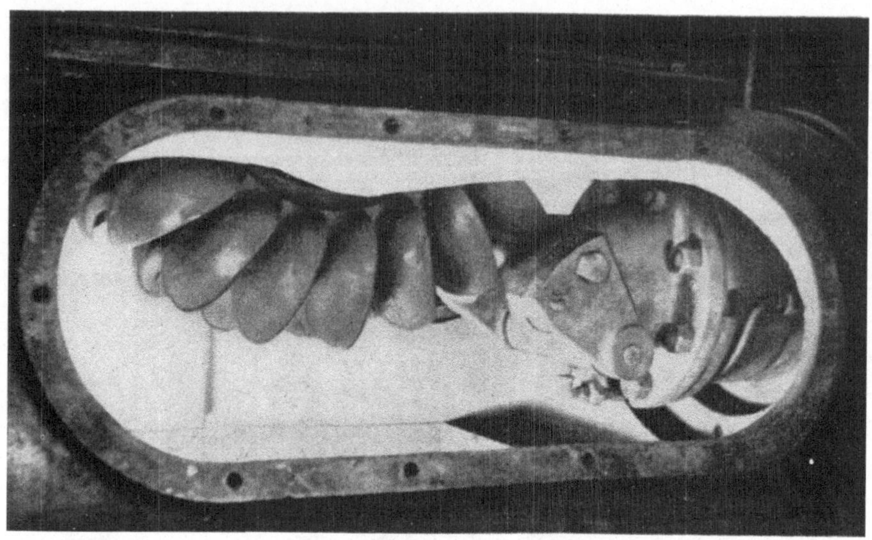

a

b

Blick auf die Laufradschaufeln durch das Schauloch bei Anordnung derselben:
a) Normal
b) Abnormal

Synchrondrehzahlen zwischen 1000 und 2000 U/min betrieben werden kann.

Durch Verstellen des Leitapparates der *Francis*-Turbine *FT* sowie durch Drosselung und Drehzahländerung der Serie-Parallel-Pumpe kann die Drehzahl der Versuchsturbine in weiten Grenzen ($u < 0$ und $u > u_{max}$) verändert werden.

Der vollständig gerade Meßkanal *MK* hat eine Länge von 38 m, eine Breite von genau 1 m und eine Tiefe von 1,45 m. Breite und Tiefe weichen höchstens um $\pm 0,5^0/_{00}$ vom Mittelwert ab.

Am Ende des Kanals befindet sich ein Überfall ohne Seitenkontraktion nach den Normen des S. I. A. (Schweiz. Ingenieur- und Architekten-Verein) mit einer Wehrhöhe von 0,8 m.

Der Schieber S_1 verbindet Hochdruck- und Niederdruckleitungen. Wenn nur die Hochdruckpumpe läuft, so bleibt der Schieber geschlossen. Sind sowohl die Freistrahlturbine mit der Hochdruckpumpe als auch die *Francis*-Turbine mit der Serie-Parallel-Pumpe in Betrieb, und benötigt die *Francis*-Turbine viel Wasser, so wird dieses durch Öffnen des Schiebers S_1 der Hochdruckleitung entnommen.

Der Schieber S_2 ist im Nebenschluß angeordnet. Durch Öffnen und Regulieren dieses Schiebers werden Druckschwankungen bei der Pumpe vermieden und auch vor der Versuchsturbine ·kleinere Drücke erreicht.

b) Maschinen

α) *Die Freistrahlturbine für die Versuche* (s. Bild 14 und Tafel I):

Als Versuchsturbine wurde eine eindüsige *Pelton*-Turbine mit horizontaler Welle und fliegendem Laufrad verwendet, die im Jahre 1933 von der Firma Escher-Wyß & Co. A. G., Zürich, geliefert worden ist. Die Daten dieser Turbine werden später angegeben. Das Gehäuse der Turbine besitzt große Öffnungen mit wasserdicht eingesetzten Fenstern. Diese Schaulöcher ermöglichen es, die Strömungsvorgänge zu beobachten, insbesondere das Auftreffen des Wasserstrahles auf die Laufradschaufeln und den Austritt aus den Schaufeln.

Am Gehäuse befindet sich ein Tachometer, das durch einen Riemen von der Turbinenwelle angetrieben wird.

Zur Bestimmung der Drücke sind zwei Präzisions-Bourdonmanometer angebracht:

1. Nr. Z 4908 z 9 — Manometer A. G., Meßbereich 0 bis 150 m WS mit einer Ablesegenauigkeit von 1 m WS.

2. Nr. 774 862 I — Manometer A. G., Meßbereich 0 bis 60 m WS mit einer Ablesegenauigkeit von 0,1 m WS.

Die beiden Manometer wurden vor und nach den Versuchen mit einem speziellen Manometer-Eich- und -Prüfapparat mit Gewichten geeicht.

Die Turbine ist mit einem automatischen Regulator, der eine Ablenkerdoppelregulierung betätigt, versehen, der aber bei den Messungen ausgeschaltet war.

Die Turbine ist gekuppelt mit:

einer mechanischen Bremse (Bild 14 und Tafel I):

Es handelt sich um eine Reibungsbremse nach *Prony*. Die zweiteilige Bremsscheibe wird von innen mit Wasser gekühlt, das der Turbine vor dem

Einlauf entnommen wird. Am äußern Umfang wird die Scheibe mit Fett geschmiert. Ein aus Leichtmetall hergestellter Gitterarm überträgt die Umfangskraft auf die Waage. Bei elektrischer Bremsung wurden die oberen Bremsklötze entfernt und der Bremszaum aufgehängt, um jede Berührung mit der Bremsscheibe zu vermeiden.

einem Synchrongenerator (Bild 14 und Tafel I):

Dieser war von der Maschinenfabrik Oerlikon geliefert worden. Seine Nenndaten sind:

47 kVA, 500 V, 53 A, 50 Per./s, 8 Pole, λ-Schaltung, 750 U/min.

Die vom Generator erzeugte elektrische Energie kann entweder nach erfolgter Parallelschaltung an das äußere Netz abgegeben oder in einem regulierbaren Wasserwiderstand vernichtet werden.

Eine Erregergruppe dient zur Felderregung des Generators. Ihre Nenndaten sind: 125 V, 14,8 A, 1440 U/min. Je nach Bedarf kann der Erregerstrom mit einem Widerstand reguliert werden.

β) *Die Francis-Spiralturbine, gekuppelt mit einem Generator**) (Bild 12):

Die Turbine stammt von Bell & Co., Kriens. Die Nenndaten lauten: $H = 20$ m, $Q = 200$ l/s, $N = 42{,}5$ PS, $n = 1000$ U/min.

Der von ihr angetriebene Generator der Maschinenfabrik Oerlikon hat folgende Nenndaten:

27 kVA, 500 V, 31 A, 50 Per./s, 1000 U/min.

Zur Erregung des Generators dient auch hier eine besondere Erregergruppe.

γ) *Die Hochdruckpumpe**) (geliefert von Escher-Wyß A. G., Zürich):

Sie liefert das Wasser für die Versuchsturbine. Die Nenndaten der Hochdruckpumpe sind:

$H_f = 83$ m, $Q_f = 80$ l/s, $n = 1450$ U/min, $N_n = 114$ PS.

Die Pumpe besitzt einen von Hand verstellbaren Leitapparat.

δ) *Die Serie-Parallel-Pumpenanlage**) (geliefert von Escher-Wyß A. G., Zürich):

Die Pumpe besteht aus zwei gleichen Einheiten, die entweder in Serie oder parallel geschaltet werden können. Für unsere Versuche waren die Pumpen immer parallelgeschaltet.

Die Nenndaten einer jeden sind:

in Parallelschaltung

$H_f = 21$ m, $Q_f = 150$ l/s (total also 300 l/s);
$n = 1450$ U/min, $N_e = 52{,}5$ PS (total also 105 PS).

oder in Serieschaltung

$H_f = 21$ m (total also 42 m), $Q_f = 150$ l/s;
$n = 1450$ U/min, $N_e = 52{,}5$ PS (total also 105 PS).

---

*) Weitere Beschreibungen der Anlage:

1. Schweiz. Bau-Ztg. 1935, Sondernummer vom 28. September, Beschreibung des Institutes für Hydraulik und hydraulische Maschinen von Prof. *R. Dubs*.

2. *R. Grasern:* „Über die Wirkungsweise eines Kreiselrades als Turbine und Pumpe". Dissertation E. T. H. 1937.

c) Meßinstrumente

α) Elektrische Meßinstrumente:

Wattmeter:
Die von der Versuchsgruppe abgegebene oder aufgenommene elektrische Energie wurde mit der 2-Wattmeter-Methode gemessen. Dazu waren zwei Präzisionsinstrumente vorhanden (Nr. 425 770 und 425 771, Trüb, Täuber & Co., Zürich) mit einem Meßbereich von 0 bis 150 W (150 V/75 V, 10 A/5 A, 5000 Ohm), brauchbar für Gleich- und Wechselstrom.

Ampèremeter:
(Nr. 455 490, Trüb, Täuber & Co., Zürich) 0 bis 100 Skalenteile, 5 A/2,5 A.

Voltmeter:
(Nr. 454 294, Trüb, Täuber & Co., Zürich) 150 Skalenteile, Meßbereiche 600, 300, 150 und 75 Volt, 320 Ohm.

β) Tachometer:

Zwei *Hasler*-Zähler:
(einer zur Kontrolle), Nr. 14 423 und 203, von Hasler A. G., Bern. Der Meßbereich beträgt 0 bis 1000 bis 10 000 U/min, bzw. 0 bis 100 bis 10 000 U/min mit einer Ablesegenauigkeit von 1 U/min für beide Instrumente. Ihre Übereinstimmung wurde geprüft. Sie wurden zur Messung der Versuchsturbinendrehzahl verwendet.

Ein Dr.-*Horn*-Tachometer:
Nr. 109 713 von Dr. *Th. Horn*, Leipzig, das direkt je nach Einstellung folgende Meßbereiche zeigt: 16 bis 64, 50 bis 200, 160 bis 640, 500 bis 2000 U/min. Dieses Tachometer benützte man hauptsächlich bei den Ablaufversuchen.

Ein Tourenzähler:
Dieser mißt die totale Anzahl Umdrehungen in einer bestimmten Zeit. Die Zeit kann an einer angebauten Uhr abgelesen werden. Der Meßbereich des Zählers ist 0 bis 10 bis 1000 Touren bei einer Ablesegenauigkeit von 0,1 Touren, derjenige der Uhr 0 bis 60 sec und 0 bis 30 min bei einer Ablesegenauigkeit von 0,2 sec. Der Tourenzähler wurde bei den Ablaufversuchen verwendet.

γ) Stoppuhren:
Es wurden zwei Stoppuhren verwendet mit den folgenden Meßbereichen: 0 bis 30 sec und 0 bis 30 min mit 0,1 sec Ablesegenauigkeit und 0 bis 60 sec und 0 bis 60 min mit einer Ablesegenauigkeit von 0,2 sec.

δ) Ein Thermometer:
Zur Messung der Wassertemperatur. Der Meßbereich ist 0 bis 150° C mit einer Einteilung von $^{1}/_{10}$° C.
Thermometer, Hygrometer und Barometer waren im Versuchsraum ständig vorhanden.

2. Die Versuchsturbine

Für die Versuche wurde die auf Seite 33 unter „Maschinen" beschriebene eindüsige Freistrahlturbine verwendet. Diese Turbine ist in Bild 14 und in Tafel I dargestellt und ihre Hauptdaten und Abmessungen sind die folgenden:

Daten der eindüsigen Freistrahlturbine

a) *Nenndaten:*

Gefälle .... $H_n = 80$ m
Wassermenge........................ $Q_n = 80$ l/s
Drehzahl .... $n_n = 750$ U/min $= 12{,}5$ U s^{-1}
Leistung an der Welle .... $P_{t_n} = 70$ PS
Anzahl der Laufradschaufeln .... $z_2 = 20$

b) *Abgeleitete Daten:*

Es werden:

die disponible Leistung... $P_{dn} = \dfrac{\gamma \cdot Q_n \cdot H_n}{75} = \dfrac{1000 \cdot 0{,}08 \cdot 80}{75} = \underline{85{,}3 \text{ PS}}$

der totale Wirkungsgrad... $\eta_t = \dfrac{P_{t_n}}{P_{d_n}} = \dfrac{70}{85{,}3} = \underline{82\%}$

die spezifische Drehzahl... $n_s = \dfrac{n \cdot \sqrt{P_{t_n}}}{H_n \cdot \sqrt[4]{H_n}} = \dfrac{750 \cdot \sqrt{70}}{80 \cdot \sqrt[4]{80}} = \underline{26{,}2}$

die dimensionslose Kennzahl $K_s = \dfrac{Q_n \cdot n_n{}^2}{c_n{}^3} = \dfrac{0{,}08 \cdot 750^2}{(2 \cdot 9{,}81 \cdot 80)^{3/2}} = \underline{0{,}725}$
    (nach Prof. *R. Dubs*)*)

Diese Werte von n_s und K_s weisen auf eine schnellaufende *Pelton*-Turbine hin.

c) *Die Daten, auf 1 m Gefälle reduziert, ergeben:*

$Q_{1n} = \dfrac{Q_n}{\sqrt{H_n}} =$ Wassermenge pro 1 m Gefälle in m$^{5/2}$ s^{-1}

$Q_{1n} = \dfrac{0{,}08}{\sqrt{80}} = 0{,}00895$ m$^{5/2}$ s^{-1} o d e r $\underline{8{,}95 \text{ l m}^{-1/2} \text{ s}^{-1}}$

$n_{1n} = \dfrac{n_n}{\sqrt{H_n}} =$ Drehzahl pro 1 m Gefälle in U/min m$^{-1/2}$

$n_{1n} = \dfrac{750}{\sqrt{80}} = 83{,}75$ U/min m$^{-1/2}$ o d e r $\underline{1{,}396 \text{ U s}^{-1} \text{ m}^{-1/2}}$

$P_{t_{1n}} = \dfrac{P_{t_1}}{H_n \cdot \sqrt{H_n}} =$ totale Leistung pro 1 m Gefälle in PS m$^{-3/2}$

$P_{t_{1n}} = \dfrac{70}{80 \cdot \sqrt{80}} = 0{,}0978$ PS m$^{-3/2}$ o d e r $\underline{7{,}34 \text{ kg m}^{-1/2} \text{ s}^{-1}}$

$P_{d_{1n}} = \dfrac{P_{dn}}{H_n \cdot \sqrt{H_n}} =$ disponible Leistung pro 1 m Gefälle in PS m$^{-3/2}$

$P_{d_{1n}} = \dfrac{85{,}3}{80 \cdot \sqrt{80}} = 0{,}1192$ PS m$^{-3/2}$ o d e r $\underline{8{,}95 \text{ kg m}^{-1/2} \text{ s}^{-1}}$

---

*) Siehe Schweiz. Bau-Ztg. vom 1. Oktober 1938.

d) *Abmessungen der Turbine:*

Der Strahlkreisdurchmesser oder mittlere Laufraddurchmesser

$$D_1 = 450 \text{ mm}$$

Der kleinste Strahldurchmesser

$$d_1 = 53 \text{ mm (bei größtem Hub } s = 43,5 \text{ mm)}$$

Das Strahlverhältnis wird dann $\quad m = \dfrac{D_1}{d_1} = 8,5$

Der Düsendurchmesser $\qquad\qquad d_0 = 70 \text{ mm}$

(vor den Versuchen wurde $d_0 = 69,85$ mm gemessen).

Funktionen von n_1:

Die Geschwindigkeit u_1 ist gleich der Umfangsgeschwindigkeit des Rades im Strahlkreisdurchmesser:

$$u_1 = \frac{\pi \cdot D_1 \cdot n}{60}; \text{ m s}^{-1} \text{ (wobei } D_1 \text{ in m, } n \text{ in U/min gegeben sind).}$$

Eine weitere dimensionslose Kennzahl*) ist gegeben durch:

$$K_{u_1} = \frac{\pi \cdot D_1 \cdot n}{60 \cdot \sqrt{2\,g\,H}} = \frac{D_1 \cdot n_1}{84,5}$$

(H in m, $n_1 = \dfrac{n}{\sqrt{H}}$ ist die auf 1 m Gefälle reduzierte Drehzahl)

$$n_1 \cdot D_1 = 84,5 \cdot K_{u_1}$$

Also wird bei den Nenndaten:

$$K_{u_1} = \frac{D_1 \cdot n_1}{84,5} = \frac{0,45 \cdot 83,75}{84,5} = 0,446$$

3. Die Wassermessungen und die Eichung der Turbinendüse

Düsenkonstruktion

Die Nadel und die Düse der untersuchten Turbine sind in Bild 15 dargestellt. Die Hauptdimensionen der Versuchsdüse sind:

Düsennadelwinkel........ $\alpha = 25°$
Düsenaustrittswinkel ..... $\beta = 42°$

Die Größen von α und β gelten für eine normalisierte Düse. Diese Normalisierung der Düsen wird von den meisten Turbinenbaufirmen auf Grund von Laboratoriumsuntersuchungen und praktischen Erfahrungen durchgeführt.

Genaue Messungen mittels Mikrometer zeigten, daß der Düsenmund wegen Rost nicht ganz rund war. Es wurde deshalb der Austrittsdurchmesser an verschiedenen Punkten bestimmt. Die hieraus ermittelte, durchschnittliche Düsenöffnung beträgt $d_0 = 69,85$ mm.

---

*) Siehe Schweiz. Bau-Ztg. vom 1. Oktober 1938 (S. 16).

Die Hübe der Turbinendüsennadel wurden mittels einer Schublehre zu

$$s = 5,\ 10,\ 15,\ 20,\ 25,\ 30,\ 35,\ 40\ \text{mm (Vollhub)}$$

eingestellt. Diese Hübe entsprechen

$$12^1/_2,\ 25,\ 37^1/_2,\ 50,\ 62^1/_2,\ 75,\ 87^1/_2,\ 100\%$$

des Vollhubes.

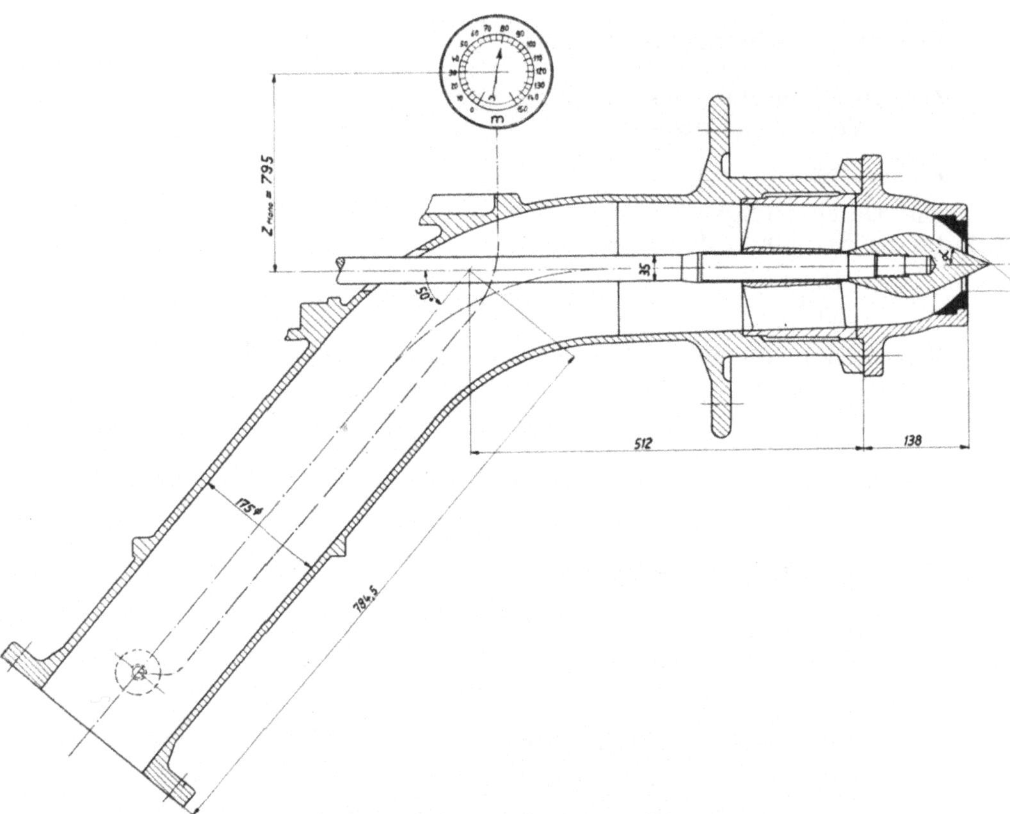

Bild 15. Turbineneinlauf, Nadel und Düse der Versuchsturbine. Manometeranschluß

$$\alpha = 25°$$
$$\beta = 42°$$
$$d_0 = 69{,}85\ \text{mm}$$
$$d_1 = 53\ \text{mm (bei vollem Hub } s = 43{,}5\ \text{mm)}$$
$$z_{\text{mano}} = 795\ \text{mm (n i c h t nach Maßstab gezeichnet)}$$

Der Austrittsquerschnitt der Düse

Der Austrittsquerschnitt f_0 zwischen Düsenmund und gegenüberliegendem Kreis auf der Nadelfläche ist gegeben mit

$$f_0 = a \cdot s - b \cdot s^2 *)$$

wobei f_0 Austrittsquerschnitt, s Nadelhub. a und b sind Konstanten und können rein geometrisch berechnet werden.

*) *H. F. Taygun:* Dissertation E. T. H. 1946, S. 27.

Wir erhalten:

$$a = \frac{2 \cdot \pi \cdot (\beta - \alpha) \cdot \sin \alpha}{\sin (\beta - \alpha)} \cdot r_0$$

$$b = \frac{\pi \cdot (\beta - \alpha) \cdot (\sin \beta - \sin \alpha) \cdot \sin^2 \alpha}{\sin^2 (\beta - \alpha)}$$

wobei $r_0 = $ Radius des Düsenrandes $= \dfrac{d_0}{2}$

α und $\beta = $ Düsennadelwinkel und Düsenaustrittswinkel.

Die Wassermenge Q der Turbinendüse berechnet sich zu:

$$Q = \left(K_{c_0} \cdot \sqrt{2\,g\,H}\right) \cdot f_0; \quad \mathrm{m^3\,s^{-1}}$$

wobei $K_{c_0} \cdot \sqrt{2\,g\,H} = c_0$; $\mathrm{m\,s^{-1}}$ die mittlere Geschwindigkeit des Wassers im Querschnitt f_0 bedeutet.

Rechnen wir die Wassermenge auf 1 m Gefälle um, so ergibt sich

$$Q_1 = \frac{Q}{\sqrt{H}}$$

$$Q_1 = \frac{\left(K_{c_0} \cdot \sqrt{2\,g\,H}\right) \cdot f_0}{\sqrt{H}} = K_{c_0} \cdot \sqrt{2\,g} \cdot f_0$$

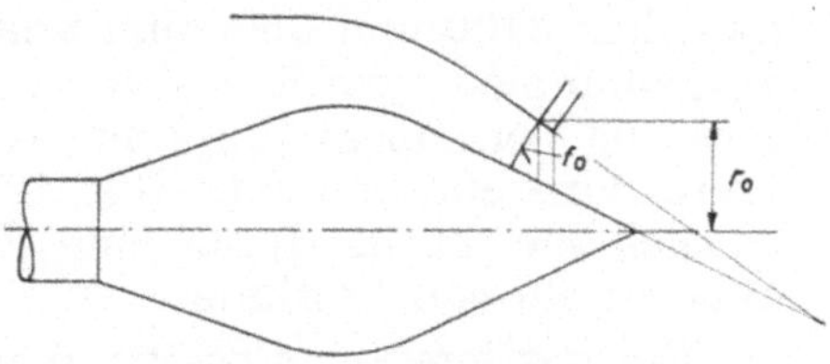

Setzen wir $f_0 = a \cdot s - b \cdot s^2$, so wird

$$Q_1 = K_{c_0} \cdot \sqrt{2\,g} \cdot (a \cdot s - b \cdot s^2)$$

$$Q_1 = K_{c_0} \cdot (A \cdot s - B \cdot s^2)$$

wobei $\quad A = a \cdot \sqrt{2\,g}$

$$A = \frac{2\,\pi \cdot \sqrt{2\,g} \cdot (\beta - \alpha) \cdot \sin \alpha}{\sin (\beta - \alpha)} \cdot r_0$$

und $\quad B = b \cdot \sqrt{2\,g}$

$$B = \frac{\sqrt{2\,g} \cdot \pi \cdot (\beta - \alpha) \cdot (\sin \beta - \sin \alpha) \cdot \sin^2 \alpha}{\sin^2 (\beta - \alpha)}$$

Bild 16. Nadel und Düse
f_0 = Austrittsquerschnitt
r_0 = Radius des Düsenrandes

Die Konstanten A und B für unsere Versuchsturbine betragen

$$A = \frac{2\,\pi \cdot \sqrt{2 \cdot 9{,}81} \cdot \left(17 \cdot \dfrac{\pi}{180}\right) \cdot 0{,}422}{0{,}292} \cdot 0{,}034925$$

$$A = 0{,}4174 \ \mathrm{m^{3/2}\,s^{-1}}$$

und

$$B = \frac{\sqrt{2 \cdot 9{,}81} \cdot \pi \cdot \left(\dfrac{17 \cdot \pi}{180}\right) \cdot (0{,}668 - 0{,}422) \cdot 0{,}422^2}{0{,}292^2}$$

$$B = 2{,}117 \ \mathrm{m^{1/2}\,s^{-1}}$$

Damit wird:

$$Q_1 = K_{c_0} \cdot (0{,}4174 \cdot s - 2{,}117 \cdot s^2) \tag{55}$$

wobei s in m einzusetzen ist.

Versuchsdurchführung

Die Wassermengenmessungen wurden mit folgenden Gefällen H_{tot} und Nenn-Nadelhüben s an der Versuchsturbine vorgenommen:

$$H_{\text{tot}} = 5,\ 10,\ 20,\ 40,\ 60 \text{ und } 80 \text{ m}$$

$$s = 5,\ 10,\ 15,\ 20,\ 25,\ 30 \text{ und } 40 \text{ mm}$$

wobei $\qquad H_{\text{tot}} = H_{\text{mano}} \pm H_{\text{Kor}} + \dfrac{c_e^2}{2\,g} + z_{\text{mano}}$ (s. Seite 41)

Für jeden einzelnen Nadelhub wurden die Wassermengenmessungen bei sämtlichen Gefällen vorgenommen. Alle diese Wassermengenmessungen wurden mittels der genauesten Meßmethode, der Behältermessung, durchgeführt. Der Inhalt des Meßbehälters beträgt zirka 28 000 Liter. Infolge der im Behälter enthaltenen Rohre ist die Steiggeschwindigkeit des Wassers bei konstantem Zufluß in denselben nicht überall konstant. Die Messungen erfolgten deshalb bei einer Höhe des Wasserspiegels im Behälter zwischen 3100 und 3700 mm, wobei immer die eine Messung zwischen 3100 und 3500 mm und die andere zwischen 3300 und 3700 mm vorgenommen wurde. Die Wasserspiegelhöhe wurde durch Abstichmessung von einem Fixpunkt aus (z. B. 3100 mm) durch Anzeige mittels Schwimmereinrichung (s. Bild 12) bestimmt. Mit der abgelesenen Wasserspiegelhöhe wurde durch eine Eichkurve das aus der Düse austretende Wasservolumen bestimmt.

Die mittlere zugeflossene Wassermenge Q in l s^{-1} ergibt sich dann aus:

$$\bar{Q} = \frac{V_{\text{E}} - V_{\text{A}}}{t} \tag{56}$$

wobei $V_E = $ Wasserinhalt des Behälters am Ende der Messung in Litern,
$\phantom{\text{wobei }} V_A = $ Wasserinhalt des Behälters am Anfang der Messung in Litern,
$\phantom{\text{wobei }} t = $ Zeit in Sekunden zwischen beiden Messungen.

Zur Bestimmung der $\bar{Q}$ wurde die Zeit t für jeden Versuch mit zwei verschiedenen Stoppuhren gemessen.

Für ein Gefälle von $H_{\text{tot}} = 80$ m wurde bei jedem Nadelhub nebst der Behältermessung die Wassermenge auch noch mittels Schirm- als auch Überfallsmessung festgestellt. Die Meßresultate sind in Tabelle 2 aufgeführt. Zum Vergleich der Genauigkeit der Meßmethoden wurde die Differenz der verschiedenen Wassermengenmessungen untereinander berechnet:

1. Von der Behältermessung zur Überfallsmessung:

$$\varepsilon_1 = \frac{Q_B - Q_U}{Q_B} \cdot 1000^0/_{00}$$

2. Von der Behältermessung zur Schirmmessung:

$$\varepsilon_2 = \frac{Q_B - Q_S}{Q_B} \cdot 1000^0/_{00}$$

Die Abweichung der verschiedenen Methoden von der Behältermessung sind in Bild 17 in $^0/_{00}$ dargestellt. Wie zu erwarten war, ergibt die Schirmmessung genauere Ergebnisse als die Überfallsmessung, wobei bei kleinem Nadelhub die Abweichung größer ist als bei größeren Nadelhüben, und Q_B stets größer als Q_U oder Q_S.

Tabelle 2

Vergleich der Meßresultate der Überfalls- und Schirmmessung mit der Behältermessung.
$$H_{tot} = 80\ m$$

s = Nadelhub in mm
Q_B = Wassermenge mittels Behälter gemessen in $l\,s^{-1}$
Q_S = Wassermenge mittels Schirm gemessen in $l\,s^{-1}$
Q_U = Wassermenge mittels Überfalls gemessen in $l\,s^{-1}$

$$\varepsilon_1 = \frac{Q_B - Q_U}{Q_B} \cdot 1000 \quad \text{und} \quad \varepsilon_2 = \frac{Q_B - Q_S}{Q_B} \cdot 1000$$

s	Q_B	Q_S	$\varepsilon_2\ {}^0/_{00}$	Q_U	$\varepsilon_1\ {}^0/_{00}$
5	15,70	15,32	24,20	14,85	54,15
10	29,79	29,54	8,40	29,04	25,20
15	43,95	43,20	17,05	42,84	25,22
20	55,48	55,08	7,22	54,99	8,84
25	66,65	66,25	6,00	65,31	20,10
30	76,07	75,23	11,04	75,00	14,05
35	84,75	84,03	8,50	83,42	15,70
40	91,41	90,98	4,70	89,89	16,65

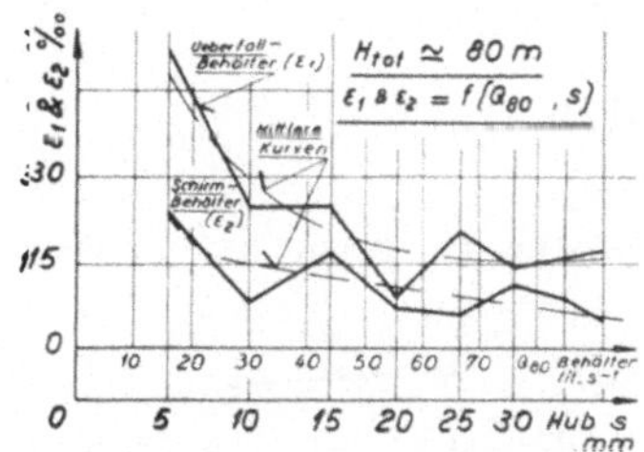

Bild 17. Vergleich der Meßresultate der Überfalls- und Schirmmessung mit der Behältermessung

Die Bestimmung des Druckgefälles erfolgte mittels zweier geeichter Präzisions-Bourdonmanometer (s. Seite 33), die in dem Turbineneinlauf vor der Düse angeschlossen waren. Die Manometeranschlüsse sind in Bild 15 eingezeichnet.

Der totale Druck läßt sich wie folgt berechnen:

$$H_{tot} = H_{mano} \pm H_{Kor} + \alpha \cdot \frac{c_e{}^2}{2\,g} + z_{mano}$$

wobei

H_{mano} = statischer Druck vom Manometer angezeigt in m,
H_{Kor} = Korrektur nach Manometereichkurve in m.

$\alpha \cdot \dfrac{c_e{}^2}{2\,g}$ = Geschwindigkeitshöhe an der Stelle, an der das Manometer angeschlossen ist.

α = Berichtigungsfaktor. Er berücksichtigt, daß die Geschwindigkeit über dem Rohrquerschnitt nicht konstant ist.

Diesen Berichtigungsfaktor kann man wie folgt berechnen:

$$\alpha = \left(\frac{m}{m+3}\right) \cdot \left(\frac{m+1}{m}\right)^3 {}^*)$$

Da die *Reynolds*sche Zahl in unserem Falle im Rohr zwischen 30 000 und 600 000 liegt, lautet die Gleichung für m

$$m = 1 + \sqrt[6]{\frac{R_e}{50}}\, {}^*)$$

---

*) Prof. *R. Dubs:* Angewandte Hydraulik, S. 181 und 182.

Der Wert von α für $R_e = 600\,000$ errechnet sich zu 1,07. Da der Wert $\alpha \cdot \dfrac{c_e^2}{2\,g}$ gegenüber der manometrischen Druckhöhe sehr gering ist, setzten wir $\alpha = 1$. Damit wird:

$$\alpha \cdot \frac{c_e^2}{2\,g} = \frac{c_e^2}{2\,g} = \frac{Q^2}{2\,g \cdot f_e^2}$$

Da $d_e = 175\;\mathrm{mm}$, so ist:

$$f_e = 0{,}02405\;\mathrm{m^2}$$

Somit

$$\frac{Q^2}{2\,g \cdot f_e^2} = 88\,Q^2$$

d. h.

$$\frac{c_e^2}{2\,g} = 88\,Q^2$$

wobei Q in $\mathrm{m^3\,s^{-1}}$ einzusetzen ist, um $\dfrac{c_e^2}{2\,g}$ in m zu erhalten.

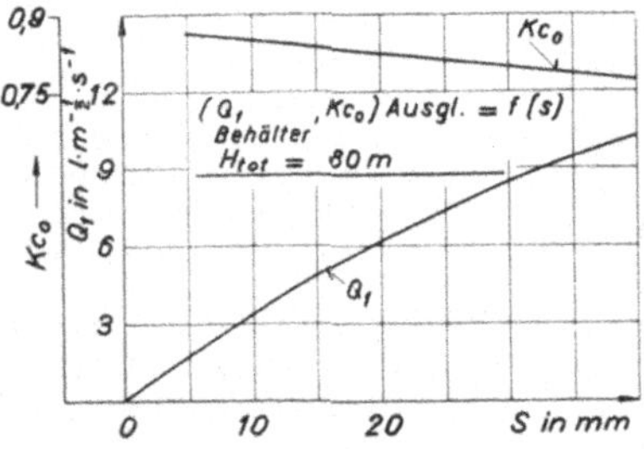

Bild 18. Eichkurve der Nadeldüse
$Q_1 = f(s)$ und $K_{c_0} = f(s)$

Q_1 = Wassermenge Q reduziert auf 1 m Gefälle
$\quad$ ($1\;\mathrm{s^{-1}\,m^{-1/2}}$)
K_{c_0} = Ausflußzahl
$\quad s$ = Nadelhub (mm)

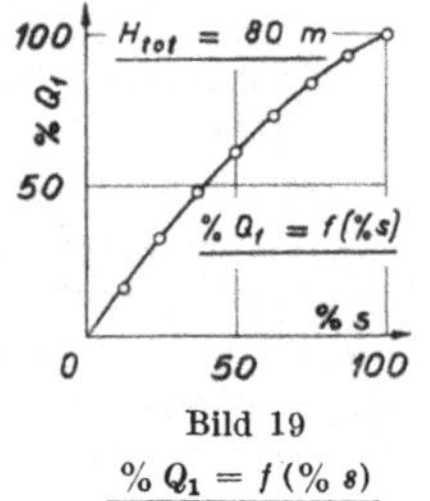

Bild 19
$\%\,Q_1 = f(\%\,s)$

$\%\,Q_1 = Q_1$ in Prozent von $Q_{1n}\left(\text{d. h. } \dfrac{Q_1}{Q_{1n}} \cdot 100\right)$

$\%\,s\; = s$ in Prozent des Normallasthubes s_n
$\qquad$ ($s = 40\;\mathrm{mm}$)

z_{mano} = Distanz zwischen Manometerachse und Strahlachse (s. Bild 15).
Damit wird

$$\underline{H_{\mathrm{tot}} = H_{\mathrm{mano}} \pm H_{\mathrm{Kor}} + 88 \cdot Q^2 + 0{,}795} \qquad (57)$$

Zur Lieferung des Betriebswassers und zur Erzeugung des Gefälles wurde eine Hochdruckpumpe (s. Seite 34) verwendet. Der von der Pumpe zu erzeugende Druck wurde an ihrem Leitapparat eingestellt und mit dem an der Pumpe angeschlossenen Bourdonmanometer kontrolliert.

Um das Druckgefälle von $H_{\mathrm{tot}} \simeq 5\;\mathrm{m}$ und $10\;\mathrm{m}$ an der Turbine zu erhalten, wurde das Nebenauslaßventil S_2 (s. Seite 33) geöffnet.

Die Wassertemperatur wurde mit einem Thermometer von $^1/_{10}{}^{\circ}$ C-Einteilung gemessen.

Versuchsergebnisse

Aus den Versuchen ermittelt sich für ein bestimmtes Gefälle H_{tot} in m und einen bestimmten Nadelhub s in mm eine Wassermenge Q in $\mathrm{l\,s^{-1}}$. Die Kurve aller Q-Werte wurden mit der bekannten Methode von *Gauß* ausgeglichen. Diese Q- und Q_1-Werte für $H_{tot} \simeq 80$ m sind in Tabelle 3 zusammengestellt.

Q_1 und K_{c_0} ist in Funktion des Nadelhubes s in Bild 18 aufgetragen. $Q_1 = f(s)$ nennt man die **Eichkurve** der Turbinennadeldüse.

In Bild 19 sind die Hübe s in Prozent des Normalvollasthubes $s_n = 40$ mm und Q_1 in Prozent von Q_1-Normal (Q_{1n}), d. h. für 80 m Gefälle eingetragen.

Alle aus den Behältermessungen ermittelten Q-Werte für alle Nadelhübe und alle H_{tot} sind ausgedrückt in

$$Q_1{}^x = \frac{Q^x}{\sqrt{H_{tot}}}$$

wobei Q^x die Wassermenge bei $H_{tot} = x$ m
und　$Q_1{}^x$ die Wassermenge pro 1 m Gefälle (H_{tot}), umgerechnet von $H_{tot} = x$ m.

Tabelle 3

Zusammenstellung der ausgeglichenen Werte von Q, Q_1 und K_{c_0} bei $H_{tot} = H_n = 80$ m

$Q\ \ $ = Wassermenge in $l\,s^{-1}$

$Q_1\ $ = Wassermenge umgerechnet auf 1 m Gefälle $= \dfrac{Q}{\sqrt{H_{tot}}} = \dfrac{Q}{\sqrt{80}}\ l\,s^{-1}\,m^{-1/2}$

K_{c_0} = Ausflußzahl am Düsenmund

$K_{c_0} = \dfrac{Q_1}{0{,}4174\,s - 2{,}117\,s^2}$　$(s$ in m$)$

Hub s mm	Q $l\,s^{-1}$	Q_1 $l\,m^{-1/2}\,s^{-1}$	K_{c_0}
5	15,68	1,754	0,8629
10	30,10	3,364	0,849
15	43,2	4,834	0,836
20	55,24	6,172	0,823
25	66,0	7,372	0,809
30	75,27	8,410	0,796
35	84,15	9,402	0,783
40	91,56	10,23	0,769

Tabelle 4

Prozentuale Abweichung der Q_1-Werte bei verschiedenen Gefällen von denjenigen bei $H_{tot} = 80$ m

$Q_1{}^x$ = Wassermenge pro 1 m Gefälle (H_{tot}), umgerechnet von $H_{tot} = x$ m

$$\varphi_x = \frac{Q_1{}^x - Q_1{}^{80}}{Q_1{}^{80}} \cdot 100$$

Hub s mm	φ_{80} %	φ_{60} %	φ_{40} %	φ_{20} %	φ_{10} %	φ_5 %
5	0	1,15	2,71	3,63	4,78	6,34
10	0	1,33	1,78	2,22	2,36	4,44
15	0	0,718	1,332	1,024	1,432	3,07
20	0	0,404	1,05	1,05	0,887	3,47
25	0	0,938	1,072	0,871	0,805	2,55
30	0	0,587	0,705	0,705	0,822	3,76
35	0	0	0,475	0,422	0,791	2,8
40	0	0,196	0,196	0,49	0,882	3,04

Die in Tabelle 4 enthaltenen Werte sind in Prozent von Q_1 bei $H_{tot} = 80$ m umgerechnet. Die umgerechneten φ_x-Werte für jeden Hub s sind in Funktion von H_{tot} in Bild 20 aufgetragen.

Theoretisch sollte $\varphi_x = 0$ sein, was jedoch, wie durch die Versuche ermittelt wurde, nicht der Fall ist. Aus dem Verlauf dieser Kurve ersehen wir, daß sie ähnlich derjenigen von $\lambda = f(R_e)$ verläuft, wobei

$$\lambda = \text{Reibungszahl}$$

und

$$R_e = \frac{c \cdot d}{\nu} = Reynolds\text{sche Zahl}$$

Für $200\,000 \leqq R_e \leqq 2\,000\,000$ ist λ gegeben durch eine empirische Formel von *Schiller**) zu

$$\lambda = 0{,}0054 + \frac{0{,}396}{R_e^{0,3}}$$

$\lambda = f(R_e)$ müssen wir bestimmen:

a) im Einlauf der Turbine,
b) im Strahl der Turbine.

Zu a:

$$R_e = \frac{c_e \cdot d_e}{\nu}$$

wobei

$$c_e = \frac{Q}{\frac{\pi}{4} \cdot d_e^2}$$

und

Q ist die Wassermenge in $\mathrm{m^3\,s^{-1}}$, d_e ist der Einlaufdurchmesser $= 0{,}175$ m,

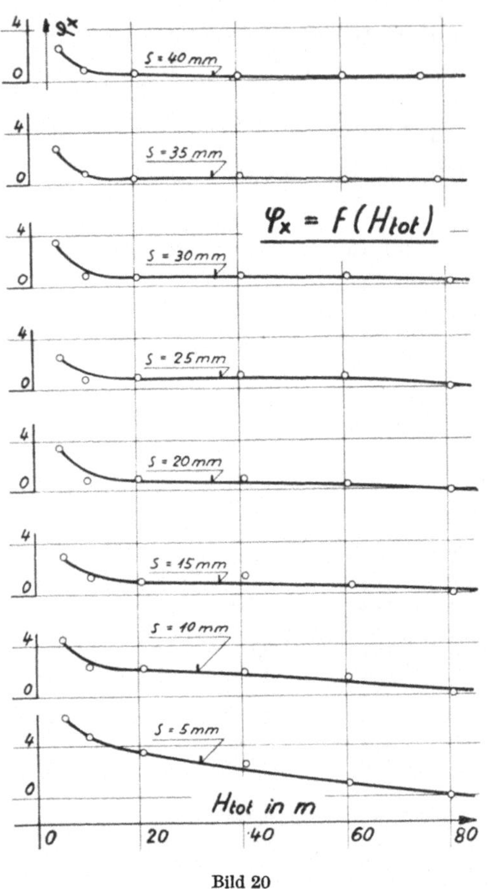

Bild 20

$\varphi_x = f(H_{tot})$

ν-Werte in Funktion der absoluten Temperatur können dem Bild 9 entnommen werden,

$\lambda = f(R_e)$ ist in Bild 21 aufgetragen.

Zu b:

$$R_e = \frac{c_1 \cdot d_1}{\nu}$$

wobei

$$c_1 = K_{c_1} \cdot \sqrt{2\,g \cdot H_{tot}}$$

*) Prof. *R. Dubs:* Angewandte Hydraulik, S. 168.

c_1 = Wassergeschwindigkeit im engsten Querschnitt des Strahles,
K_{c_1} = Durchflußkoeffizient in dem engsten Querschnitt des Strahles.
Die Werte hierfür sind von Ing. *F. Fournier* in „Düsenversuche der Freistrahldüsen", G. T. P. 1942, Forschungsarbeit der E. T. H., hydraulische Abteilung, angegeben und betragen:

Nadelhub s mm	5	10	15	20	25	30	35	40
K_{c_1}	0,94	0,96	0,974	0,986	0,987	0,988	0,992	0,994

d_1 = Durchmesser im engsten Querschnitt des Strahles,

$$d_1 = \sqrt{\frac{Q}{c_1} \cdot \frac{4}{\pi}}.$$

Damit können wir $\lambda = f(R_e)$ auftragen (Bild 21), und es zeigt sich, daß mit größer werdender *Reynolds*scher Zahl, d. h. Wassermenge oder größer werdendem Gefälle, die Reibungszahl abnimmt, so daß Q_1 wachsen sollte.

Im Gegensatz dazu nimmt Q_1 nach den Versuchen ab*). Der Grund für die Abweichung des durch die Versuche gefundenen Verlaufes von $\varphi = f(H_\text{tot})$ ist wahrscheinlich zu suchen in:

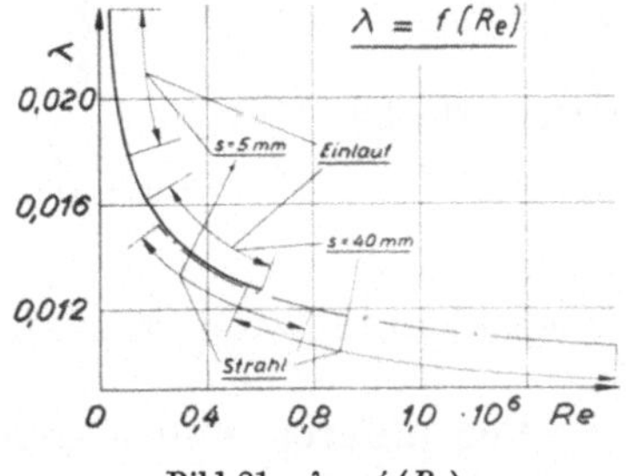

Bild 21. $\lambda = f(R_e)$

Reibungszahl λ in Funktion der *Reynolds*schen Zahl R_e für den Einlauf und für den Strahl im engsten Querschnitt (d_1). Dargestellt sind die λ-Werte für die Grenzwerte $s = 5$ und $s = 40$ mm. Die λ-Werte für die Hübe $s = 10$, $s = 15$, $s = 20$, $s = 25$, $s = 30$ und $s = 35$ mm liegen zwischen den Grenzwerten

a) Krümmer- und Reibungsverluste im Einlauf der Turbine.
b) Andere Einflüsse im Einlauf der Turbine (Führungskreuz usw.).
c) Strahlkontraktion beim Austritt aus der Düse.

Zu a: Die relativen Krümmer- und Reibungsverluste im Einlauf der Turbine müßten allerdings mit abnehmendem Gefälle, wegen abnehmendem R_e zunehmen, und damit müßte Q_1 abnehmen. Dasselbe ist auch für den freien Strahl zu sagen, wenn man die Wirkung der Strahldivergenz ausschaltet.

Die Krümmer- und Reibungsverluste können wie folgt berechnet werden:
Der Einlauf ist ein Krümmer mit 50° Krümmungswinkel. Die Krümmungsverluste sind gegeben durch:

$$H_{vK} = k_4 \cdot \frac{c_e^2}{2g} **)$$

Der Wert k_4 ist angenähert 0,03. Diese Zahl wurde vom k_4-Wert für einen 90°-Krümmungswinkel abgeleitet.

---

*) *H. Gerber:* Wassermessung in Freistrahlturbinenanlagen. Schweiz. Bau-Ztg. 1941, Bd. 117, S. 150.
**) Prof. *R. Dubs:* Angewandte Hydraulik, S. 211.

Diese Verluste H_{v_L} müssen nun zu den Reibungsverlusten H_{v_L} im Rohr addiert werden. Damit erhalten wir die Gleichung:

$$\frac{c_1^2}{2\,g} = H_e + \frac{c_e^2}{2\,g} - \left(H_{v_L} + k_4 \cdot \frac{c_e^2}{2\,g}\right) \tag{58}$$

oder

$$\frac{Q^2}{2\,g \cdot f_1^2} = H_e + \left[1 - \left(\lambda\,\frac{L}{d_e} + k_4\right)\right] \cdot \frac{Q^2}{2\,g \cdot f_c^2}$$

und schließlich:

$$Q = \sqrt{\frac{2\,g \cdot H_e}{\dfrac{1}{f_1^2} - \left[1 - \left(\lambda\,\dfrac{L}{d_e} + k_4\right)\right] \cdot \dfrac{1}{f_e^2}}} \tag{59}$$

Hier ist der Wert

$$\left[1 - \left(\lambda\,\frac{L}{d_e} + k_4\right)\right] \cdot \frac{1}{f_e^2}$$

auch klein im Verhältnis zu $\dfrac{1}{f_1^2}$, so daß er auf Q fast keinen Einfluß ausübt.

Für unseren Fall ergeben sich die folgenden Werte:

	$s = 5$ mm		$s = 40$ mm	
H_e	79,23	4,78	74,57	5,18 m
$\dfrac{1}{f_1^2}$	$5780 \cdot 10^3$	$5150 \cdot 10^3$	$187,5 \cdot 10^3$	$185 \cdot 10^3$ m^{-4}
$\left[1 - \left(\lambda\,\dfrac{L}{d} + 0{,}03\right)\right]\dfrac{1}{f_e^2}$ ..	$1,51 \cdot 10^3$	$1,28 \cdot 10^3$	$1,555 \cdot 10^3$	$1,523 \cdot 10^3$ m^{-4}

Wie man aus dieser Tabelle ersieht, ist die Abweichung des gefundenen Verlaufes von $\varphi = f\,(H_{\text{tot}})$ nicht auf die Einflüsse a zurückzuführen, da diese viel zu klein sind und sich außerdem noch in umgekehrter Richtung bemerkbar machen würden.

Zu b: Zu diesem ist die Reibung, erzeugt vom Nadelschaft, Führungskreuz und der Einführung der Nadelstange in den Einlaufkrümmer, zu zählen. Die Reibungskräfte an diesen Teilen lassen sich nicht rechnerisch erfassen. Durch ihre Anwesenheit wird die relative Rauhigkeit vermehrt.

Zu c: Einen weiteren Faktor, der hier eine Rolle spielen kann, ist die mit dem Gefälle sich ändernde Strahlkontraktion beim Austritt aus der Düse. Bei zunehmendem Gefälle kann der Durchmesser d_1 an der engsten Stelle des Strahles abnehmen. Da aber die Wassergeschwindigkeit c_1 des Strahles nicht größer als $c_1 = \sqrt{2\,g\,H}$ (bei Potentialströmung) sein kann, wird die auf 1 m umgerechnete Wassermenge Q_1 kleiner.

4. Die Berechnungen für die ideale Strömung

In Kapitel II A (S. 10) haben wir die Gleichungen für Leistung und Wirkungsgrad bei idealer Strömung und einer Umlenkung von 180° abgeleitet. Mit Hilfe dieser Gleichungen berechnen wir diese Größen für unsere Versuchsturbine.

Leistung bei idealer Strömung [nach Gl. (4)]

$$P_p = \frac{2 \cdot \gamma \cdot Q}{g} (c_1 - u_1) \cdot u_1 \ \ \text{kg m s}^{-1}$$

wobei $\qquad c_1 = K_{c_1} \cdot \sqrt{2\,g\,H}$

Der Durchflußkoeffizient K_{c_1} ist bei idealer Strömung $= 1$.

Die Gefällshöhe H für die Versuchsturbine $= 80$ m.

Daraus folgt: $\qquad c_1 = 1 \cdot \sqrt{2 \cdot 9,81 \cdot 80} = 39,6$ m s^{-1}

ferner ist: $\qquad u_1 = \pi \cdot D_1 \cdot n'$; m s^{-1}

$\qquad\qquad\qquad D_1 =$ mittlerer Laufraddurchmesser $= 0,45$ m

$\qquad\qquad\qquad n' =$ Umdrehungen pro Sekunde

somit: $\qquad\qquad u_1 = \pi \cdot 0,45 \cdot n' = 1,413 \cdot n'$; m s^{-1}

$$P_p = \frac{2 \cdot \gamma \cdot Q}{g} (c_1 - u_1) \cdot u_1; \ \ \text{kg m s}^{-1}$$

$$P_p = \gamma \cdot Q \cdot \frac{2}{g} (c_1 \cdot u_1 - u_1{}^2); \ \ \text{kg m s}^{-1}$$

oder: $\qquad P_p = \gamma \cdot Q \cdot \dfrac{2}{9,81} \cdot [39,6 \cdot 1,413 \cdot n' - 1,413^2 \cdot (n')^2]; \ \text{kg m s}^{-1}$

$$P_p = \gamma \cdot Q \cdot [11,403 \cdot n' - 0,407 \cdot (n')^2]; \ \ \text{kg m s}^{-1}$$

Es ist die auf 1 m Gefälle umgerechnete Drehzahl

$$n_1{}' = \frac{n'}{\sqrt{H}} = \frac{n'}{\sqrt{80}} = \frac{n'}{8,95}; \ \text{U s}^{-1}\,\text{m}^{-1/2}$$

Setzen wir nun $n_1{}'$ statt n' ein, dann wird

$$P_p = \gamma \cdot Q\,[11,403 \cdot 8,95 \cdot n_1{}' - 0,407 \cdot 80 \cdot (n_1{}')^2]; \ \text{kg m s}^{-1}$$

$$\underline{P_p = \gamma \cdot Q\,(102,03 \cdot n_1{}' - 32,56 \cdot n_1{}'^2); \ \text{kg m s}^{-1}}$$

Dann wird die Leistung umgerechnet auf 1 m Gefälle bei idealer Strömung:

$$P_{p_1} = \frac{P_p}{H \cdot \sqrt{H}} \ \ \text{kg m}^{-1/2}\,\text{s}^{-1}$$

$$P_{p_1} = \frac{\gamma \cdot Q \cdot (102,03 \cdot n_1{}' - 32,56 \cdot n_1{}'^2)}{716} \ \ \text{kg m}^{-1/2}\,\text{s}^{-1}$$

$$\underline{P_{p_1} = \gamma \cdot Q \cdot (0,1425 \cdot n_1{}' - 0,0455 \cdot n_1{}'^2) \ \text{kg m}^{-1/2}\,\text{s}^{-1}} \qquad (60)$$

Der Wirkungsgrad bei idealer Strömung wird dann:

$$\eta_p = \frac{P_p}{P_d} = \frac{\dfrac{2 \cdot \gamma \cdot Q}{g} (c_1 - u_1) \cdot u_1}{\gamma \cdot Q \cdot H} = \frac{2 \cdot (c_1 - u_1) \cdot u_1}{g \cdot H}$$

$$\eta_p = \frac{2 \cdot (39,6 - 1,413 \cdot 8,95 \cdot n_1{}')\,(1,413 \cdot 8,95 \cdot n_1{}')}{9,81 \cdot H}$$

Tabelle 5

Leistung P_{p_1} und Wirkungsgrad η_p bei idealer Strömung

$$H_{tot} = 80 \ m$$

$n_1' =$ Umdrehungen pro Sekunde, reduziert auf 1 m Gefälle in $\mathrm{U\,s^{-1}\,m^{-1/2}}$

$s \ =$ Hub der Turbinennadel in mm

	s mm	n_1'												
		0,25	0,5	0,75	1,0	1,25	1,5	1,75	2,0	2,25	2,5	2,75	3,0	3,132
	5	0,514	0,939	1,2745	1,521	1,678	1,746	1,725	1,615	1,416	1,127	0,749	0,282	0
	10	0,985	1,799	2,4425	2,915	3,216	3,347	3,306	3,095	2,713	2,160	1,436	0,541	0
	15	1,416	2,587	3,511	4,190	4,624	4,811	4,753	4,450	3,900	3,105	2,064	0,778	0
P_{p_1}	20	1,806	3,299	4,479	5,345	5,897	6,137	6,063	5,675	4,975	3,960	2,633	0,992	0
$\mathrm{kg\,m^{-1/2}\,s^{-1}}$	25	2,164	3,952	5,365	6,402	7,064	7,351	7,262	6,798	5,959	4,744	3,154	1,188	0
	30	2,467	4,506	6,116	7,299	8,054	8,381	8,280	7,751	6,794	5,409	3,596	1,3545	0
	35	2,757	5,0355	6,836	8,158	9,001	9,367	9,254	8,662	7,593	6,045	4,018	1,514	0
	40	2,999	5,479	7,437	8,8755	9,793	10,191	10,068	9,4245	8,261	6,577	4,372	1,647	0
η_p	für alle Hübe	0,2933	0,5357	0,7273	0,8680	0,9578	0,9967	0,9848	0,9220	0,8083	0,6437	0,4283	0,162	0

$$P_{p_1} = \gamma \cdot Q \cdot (0,1425 \cdot n_1' - 0,0455 \cdot n_1'^2) \quad \text{und} \quad \eta_p = 1,275 \cdot n_1' - 0,407 \cdot n_1'^2$$

$$\eta_p = \frac{102,03 \cdot n_1' - 32,56 \cdot n_1'^2}{H}$$

$$\eta_p = 1,275 \cdot n_1' - 0,407 \cdot (n_1')^2 \tag{61}$$

η_p ist also nur abhängig von n_1' und somit gleich für alle Hübe der Nadel.

Bei der maximalen Drehzahl (Durchgangsdrehzahl) sowie idealer Strömung werden

$$P_{p_1} = 0$$

sowie

$$\eta_p = 0$$

Somit ergibt sich aus obigen Gl. (60) und (61):

$$n_{1'\max} = 3,132 \ \mathrm{U\,s^{-1}\,m^{-1/2}}$$

Bei der Freistrahlturbine stellt sich der maximale Wirkungsgrad η_p ein für $1/2 \cdot n_{1'\max}$. Für die Versuchsturbine folglich für

$$\frac{3,132}{2} = 1,566 \ \mathrm{U\,s^{-1}\,m^{-1/2}}.$$

Nach Gl. (61) wird dann:

$$\eta_p = 1 \ \text{bei} \ \frac{n_{1'\max}}{2}$$

Die aus Gl. (60) und (61) berechneten Werte P_{p_1} und η_p für verschiedene Hübe s und n_1' sind in Tabelle 5 zusammengestellt.

P_{p_1} und $\eta_p = f(n_1')$ s. Bild 22.

5. Die Berechnungen für die wirkliche Strömung

a) Die allgemeine rechnerische Bestimmung der Leistung P_H

Im letzten Abschnitt haben wir eine ideale Strömung angenommen, bei der keine Verluste eintreten und eine Umlenkung aller Wasserteilchen um 180° erfolgt. In Wirklichkeit treten nun Verluste auf:

Eintritts- und Austrittswinkel β_1 sowie β_2 sind nicht gleich Null, wie wir bis jetzt unseren Betrachtungen zugrunde gelegt haben.

Nach Gl. (8) berechnet sich die Leistung einer Teilturbine zu

$$\Delta P_H = \frac{\gamma \cdot \Delta Q}{g} (c_1 - u_1) \cdot (v_1 \cdot \cos \beta_1 + v_1 \cdot v_2 \cdot \cos \beta_1) \cdot u_1$$

und $\qquad P_H = \Sigma (\Delta P_H)$

Die Leistung P_H wurde für jede Teilturbine unter folgenden Voraussetzungen rechnerisch bestimmt:

1. Der Wasserstrahl trifft auf die Mitte der Laufradschaufelfläche auf.

2. Vom Wasserstrahlmittelpunkt aus verteilen sich die Wasserbahnen nach allen Richtungen gleichmäßig.

Da die beiden Schaufelhälften einander gleich sind, so wurde nur eine Schaufelhälfte betrachtet und die Strömung auf einer Halbschaufelfläche in sechs Teilturbinen zerlegt. Aus Bild 23 sind Eintritts- und Austrittswinkel β_1 und β_2 der Wasserbahnen für jede Teilturbine ersichtlich. Wie man sieht, bleibt der Eintrittswinkel β_1 gleich, der Austrittswinkel β_2 ist jedoch für jede Teilturbine verschieden.

β_1 Eintrittswinkel für jede Teilturbine $\quad = 11°\ \ ;\ \cos 11°\ \ = 0{,}9816$

β_{2_I} Austrittswinkel β_2 für Teilturbine $\quad$ I $= 11{,}2°;\ \cos 11{,}2° = 0{,}9810$

$\beta_{2_{II}}$ Austrittswinkel β_2 für Teilturbine $\quad$ II $= 11°\ \ ;\ \cos 11°.\ \ = 0{,}9816$

$\beta_{2_{III}}$ Austrittswinkel β_2 für Teilturbine III $=\ \ 9{,}5°;\ \cos\ \ 9{,}5° = 0{,}9863$

$\beta_{2_{IV}}$ Austrittswinkel β_2 für Teilturbine IV $= 11{,}4°;\ \cos 11{,}4° = 0{,}9799$

β_{2_V} Austrittswinkel β_2 für Teilturbine $\quad$ V $= 21{,}6°;\ \cos 21{,}6° = 0{,}9298$

$\beta_{2_{VI}}$ Austrittswinkel β_2 für Teilturbine VI $= 40°\ \ ;\ \cos 40°\ \ = 0{,}7660$

Die Werte für v_1 und v_2*) betragen

$$v_1 = 0{,}98$$

$$v_2 = 0{,}96$$

$$u_1 = \pi \cdot D_1 \cdot n';\ \mathrm{m\ s^{-1}}$$

$$c_1 = K_{c_1} \cdot \sqrt{2\,g\,H}$$

$$\Delta Q = \frac{Q}{m} = \frac{Q}{12}$$

Diese Werte in Gl. (8) eingesetzt, ergeben

$$\Delta P_H = \frac{\gamma \cdot \Delta Q}{g} (c_1 - u_1) \cdot (v_1 \cdot \cos \beta_1 + v_1 \cdot v_2 \cdot \cos \beta_2) \cdot u_1$$

$$\Delta P_H = \left[\frac{\gamma \cdot \Delta Q}{g}\, c_1 \cdot (v_1 \cdot \cos \beta_1 + v_1 \cdot v_2 \cdot \cos \beta_2) \cdot \pi \cdot D_1 \right] \cdot n' -$$

$$- \left[\frac{\gamma \cdot \Delta Q}{g} (\pi \cdot D_1)^2 \cdot (v_1 \cdot \cos \beta_1 + v_1 \cdot v_2 \cdot \cos \beta_2) \right] \cdot n'^2$$

---

*) *F. Taygun:* Dissertation E. T. H. 1946, S. 42 und 43.

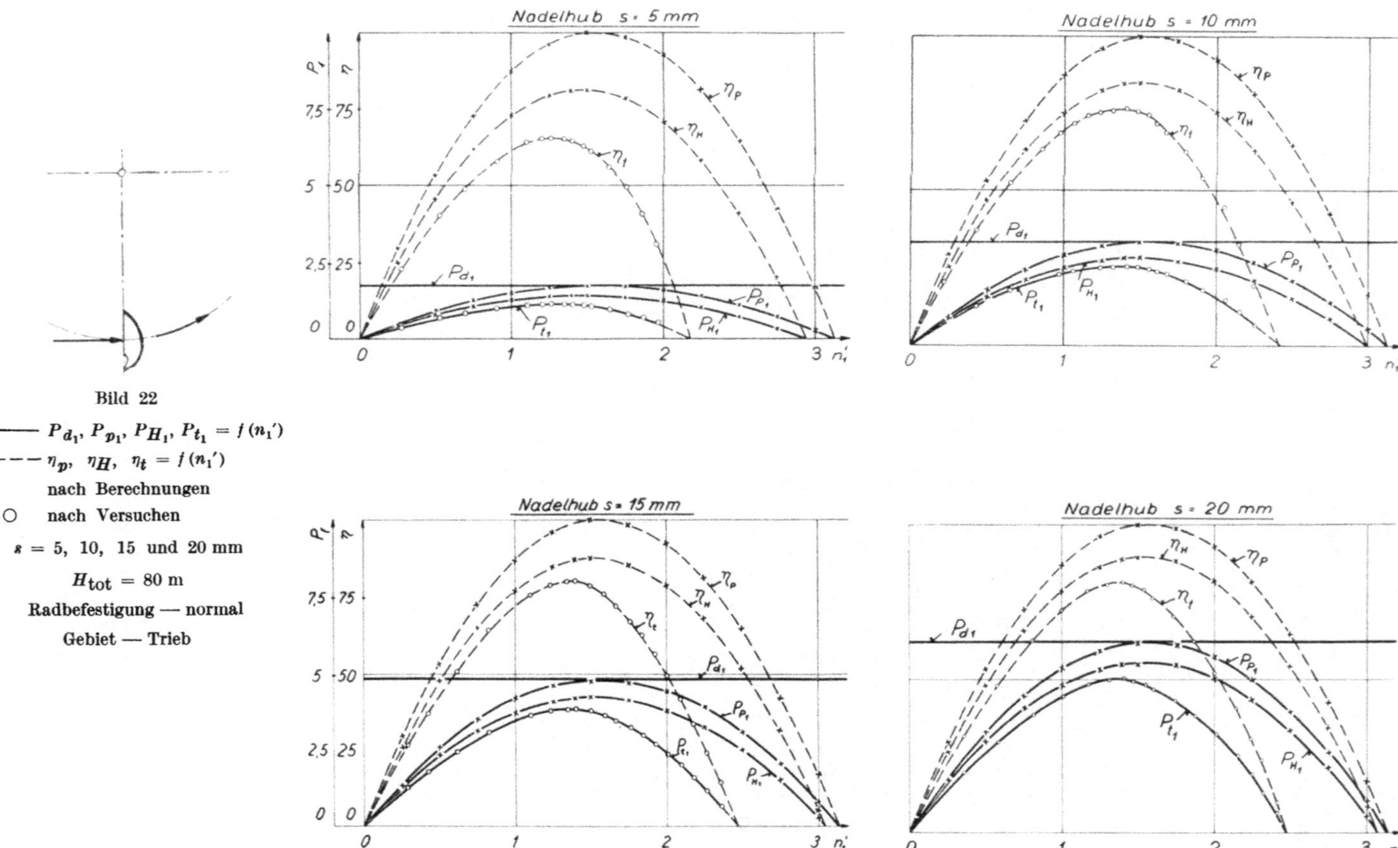

Bild 22

——— $P_{d_1},\ P_{p_1},\ P_{H_1},\ P_{t_1} = f\,(n_1')$

— — — $\eta_p,\ \eta_H,\ \eta_t = f\,(n_1')$

       nach Berechnungen

○   nach Versuchen

$s = 5,\ 10,\ 15$ und 20 mm

$H_{tot} = 80$ m

Radbefestigung — normal

Gebiet — Trieb

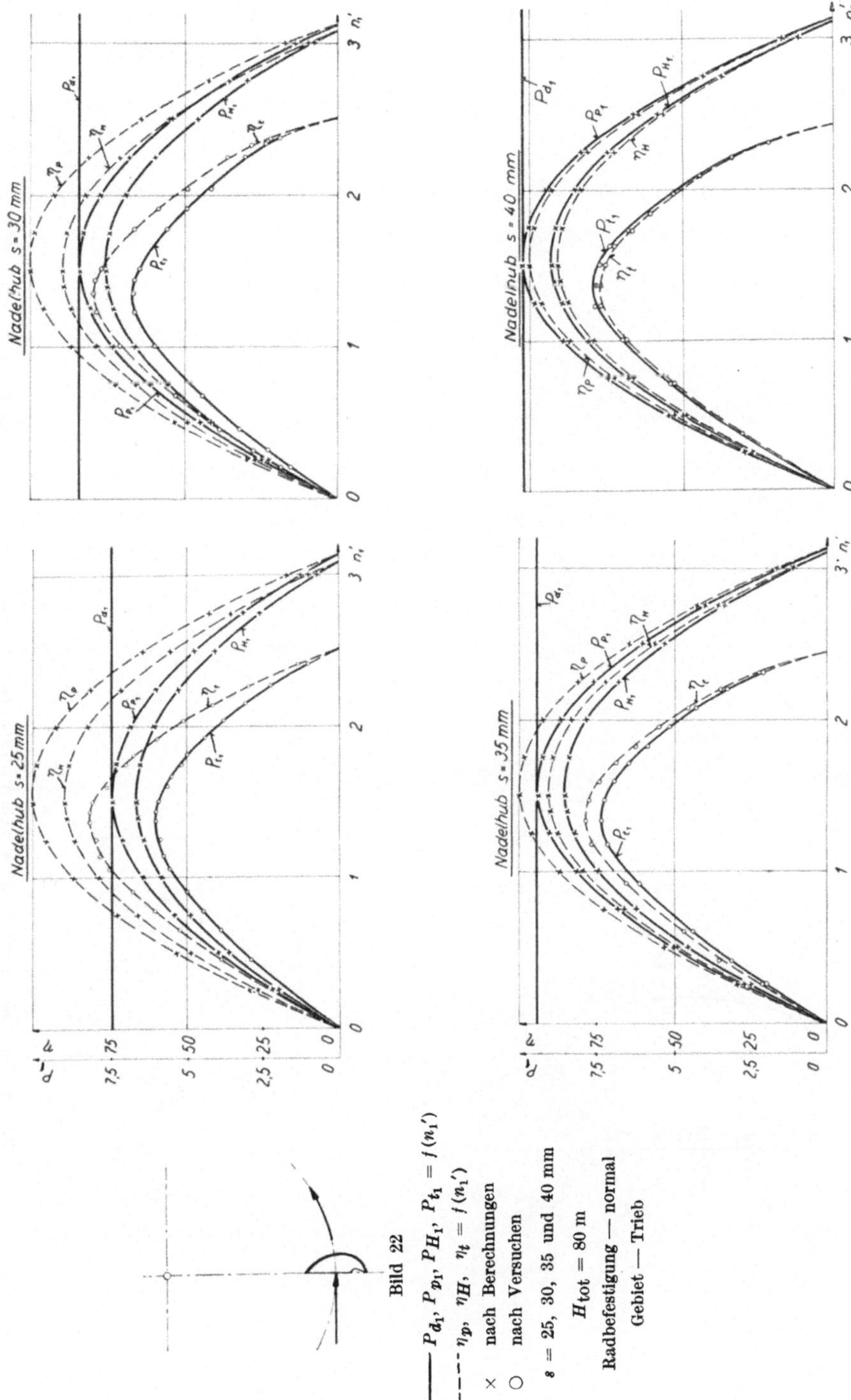

Bild 22

$$P_{d_1},\ P_{v_1},\ PH_1,\ P_{t_1} = f(n_1')$$

$\eta_p,\ \eta_H,\ \eta_t = f(n_1')$

$\times$ nach Berechnungen

$\bigcirc$ nach Versuchen

$s = 25,\ 30,\ 35$ und 40 mm

$H_{tot} = 80$ m

Radbefestigung — normal

Gebiet — Trieb

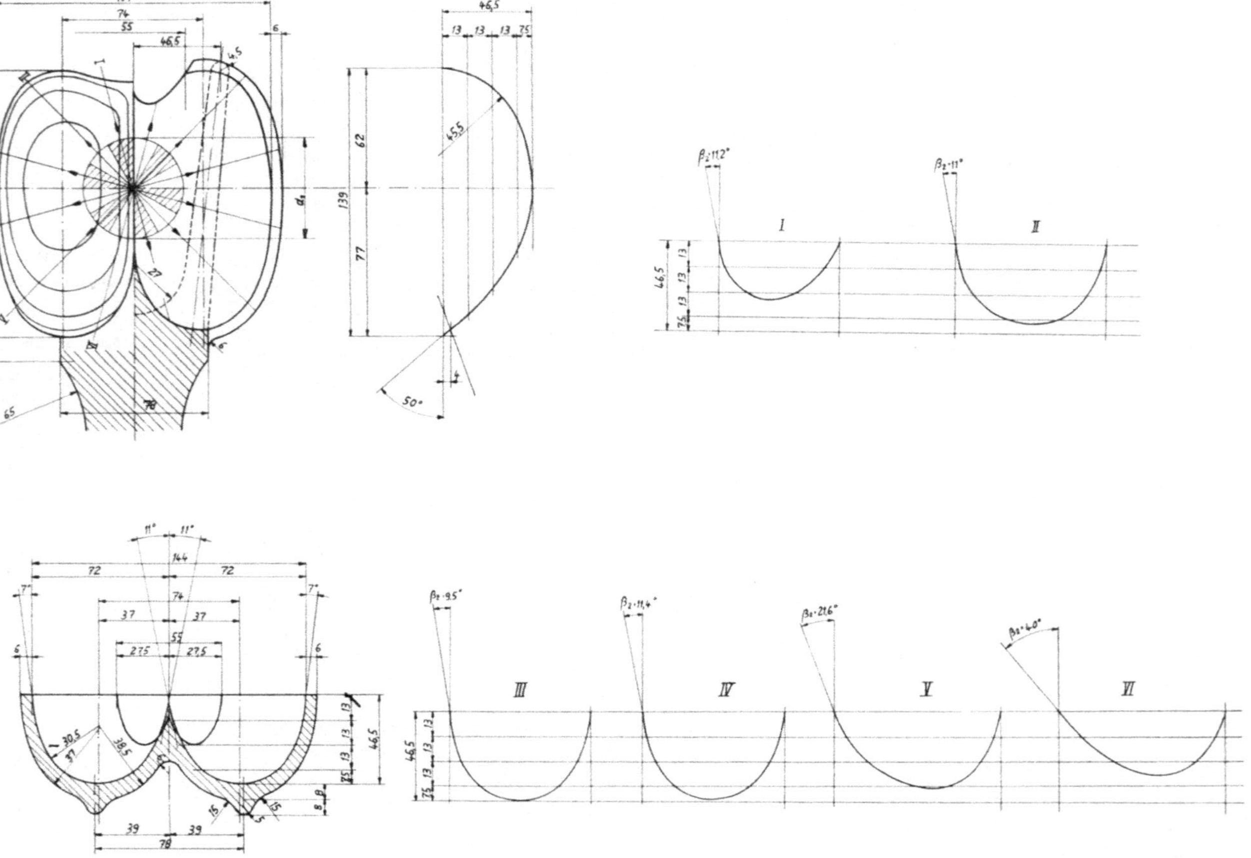

Bild 23. Bestimmung der Eintritts- und Austrittswinkel β_1 und β_2 des Laufrades für Teilturbine I bis VI

Setzen wir

$$A = \left[\frac{\gamma \cdot \Delta Q}{g}\, c_1 \cdot (\nu_1 \cdot \cos \beta_1 + \nu_1 \cdot \nu_2 \cdot \cos \beta_2) \cdot \pi \cdot D_1 \right]$$

und

$$B = \left[\frac{\gamma \cdot \Delta Q}{g}\, (\pi \cdot D_1)^2 \cdot (\nu_1 \cdot \cos \beta_1 + \nu_1 \cdot \nu_2 \cdot \cos \beta_2) \right]$$

wo A und B Konstanten für einen bestimmten Nadelhub und für eine bestimmte Teilturbine sind.

Damit wird

$$\Delta P_H = A \cdot n' - B \cdot n'^2 \tag{62}$$

Beispiel zur Berechnung von P_{H_I} für Teilturbine I bei einem Nadelhub $s = 20\ mm$ ($H = 80$ m, $Q = 55{,}24\ \mathrm{l\ s^{-1}}$)

$$P_{H_I} = A\, n' - B\, n'^2$$

wobei

$$A = \left[\frac{\gamma \cdot \Delta Q}{g}\, c_1 \cdot (\nu_1 \cdot \cos \beta_1 + \nu_1 \cdot \nu_2 \cdot \cos \beta_2) \cdot \pi \cdot D_1 \right]$$

$$\Delta Q = \frac{Q}{m} \quad (Q \text{ aus Tabelle 3, Seite 43})$$

$$\Delta Q = \frac{0{,}05524}{12} = 0{,}004603\ \mathrm{m^3\ s^{-1}}$$

$$\gamma = 1000\ \mathrm{kg\ m^{-3}}$$

$$g = 9{,}81\ \mathrm{m\ s^{-2}}$$

$$c_1 = K_{c_1} \cdot \sqrt{2\, g\, H}$$

K_{c_1} aus Tabelle Seite $45 = 0{,}986$

$$H = 80\ \mathrm{m}$$
$$c_1 = 0{,}986 \cdot \sqrt{2 \cdot 9{,}81 \cdot 80} = 0{,}986 \cdot 39{,}6 = 39{,}04\ \mathrm{m\ s^{-1}}$$
$$\nu_1 = 0{,}98$$
$$\nu_2 = 0{,}96$$
$$\cos \beta_1 = \cos 11° = 0{,}9816$$
$$\cos \beta_2 = \cos 11{,}2° = 0{,}9810$$
$$D_1 = 0{,}45\ \mathrm{m}$$

Damit wird

$$A = \frac{1000 \cdot 0{,}004603}{9{,}81} \cdot 39{,}04 \cdot (0{,}98 \cdot 0{,}9816 + 0{,}98 \cdot 0{,}96 \cdot 0{,}981) \cdot \pi \cdot 0{,}45$$

$$A = 48{,}9$$

und $B = \dfrac{\gamma \cdot \Delta Q}{g}\, (\pi \cdot D_1)^2 \cdot (\nu_1 \cdot \cos \beta_1 + \nu_1 \cdot \nu_2 \cdot \cos \beta_2)$

$$B = \frac{1000 \cdot 0{,}004603}{9{,}81} \cdot (\pi \cdot 0{,}45)^2 \cdot (0{,}98 \cdot 0{,}9816 + 0{,}98 \cdot 0{,}96 \cdot 0{,}981)$$

$$B = 1{,}778$$

Damit

$$\Delta P_{H_I} = 48{,}9 \cdot n' - 1{,}778 \cdot n'^2$$

Ferner ist

$$n_1' = \frac{n'}{\sqrt{H}} = \frac{n'}{\sqrt{80}} = \frac{n'}{8,95}$$

Somit
$$\varDelta P_{H_\mathrm{I}} = 438,0 \cdot n_1' - 142,2 \cdot n_1'^2 \tag{62 I}$$

Die Leistung der ersten Teilturbine P_{H_I} kann nun für verschiedene n_1' berechnet werden. Eine Zusammenstellung der erhaltenen Resultate findet sich in Tabelle 6.

Die Leistung für die übrigen fünf Teilturbinen werden auf gleiche Art berechnet. Durch die Summenbildung der Leistungen von den sechs Teilturbinen erhalten wir die Hälfte der totalen Leistung der Turbine.

d. h.
$$\frac{P_H}{2} = \varSigma \left(\varDelta P_{H_\mathrm{I}} + \varDelta P_{H_\mathrm{II}} + \varDelta P_{H_\mathrm{III}} + \varDelta P_{H_\mathrm{IV}} + \varDelta P_{H_\mathrm{V}} + \varDelta P_{H_\mathrm{VI}}\right)$$

und
$$P_H = 2 \cdot \varSigma \left(\varDelta P_H\right)$$

Ferner beträgt die Leistung P_H umgerechnet auf 1 m Gefälle:

$$P_{H_1} = \frac{P_H}{H \cdot \sqrt{H}}$$

Mit $H = 80$ m ergibt sich

$$P_{H_1} = \frac{P_H}{80 \cdot \sqrt{80}} = \frac{P_H}{716}$$

Die sich ergebenden Resultate für P_{H_1} bei verschiedenen n_1' und jeden Nadelhub s sind in Tabelle 7 zusammengestellt.

Zum Vergleich mit P_{p_1} ist $P_{H_1} = f\left(n_1'\right)$ in Bild 22 aufgetragen.

Tabelle 6

Berechnungen von $\varDelta P_{H_\mathrm{I}}$ und η_{H_I} für Teilturbine I bei einem Nadelhub $s = 20\ mm$

$$\varDelta P_{H_\mathrm{I}} = (438,0 \cdot n_1' - 142,2 \cdot n_1'^2)\ \text{kg m s}^{-1}$$

$$\eta_{H_\mathrm{I}} = \frac{\varDelta P_{H_\mathrm{I}}}{\gamma \cdot \varDelta Q \cdot H} = \frac{\varDelta P_{H_\mathrm{I}}}{4,603 \cdot 80} = \frac{\varDelta P_{H_\mathrm{I}}}{368,24}$$

$n_1' = $ Drehzahl, umgerechnet auf 1 m Gefälle in U s^{-1} m$^{-1/2}$
$n_1' = 1,396$ U s^{-1} m$^{-1/2}$ entspricht $n_n = 750$ U/min (Nenndrehzahl)

n_1'	$438,0 \cdot n_1'$	$n_1'^2$	$142,2 \cdot n_1'^2$	$\varDelta P_{H_\mathrm{I}}$	η_{H_I}
0,25	109,5	0,0625	8,89	100,61	0,288
0,5	219	0,25	35,55	183,45	0,498
0,75	328,5	0,5625	80,0	248,5	0,675
1,0	438	1,0	142,2	295,8	0,803
1,25	547,5	1,5625	222,5	325,0	0,882
1,396	611,2	1,948	276,8	334,4	0,908
1,5	657	2,25	320,0	337,0	0,915
1,75	766,5	3,06	435,0	331,5	0,900
2,0	876	4,0	569,0	307,0	0,833
2,25	985,5	5,065	721,0	264,5	0,718
2,5	1095	6,25	889,5	205,5	0,557
2,75	1204,5	7,565	1075,0	129,5	0,352
3,0	1314	9,0	1280,0	34,0	0,0923
3,08	1350	9,5	1350,0	0	0

Tabelle 7

Berechnung von Leistung P_{H_1} und Gefällswirkungsgrad η_H

P_{H_1} = Leistung, umgerechnet auf 1 m Gefälle in kg m$^{-1/2}$ s^{-1}

n_1' = Drehzahl, umgerechnet auf 1 m Gefälle in U s^{-1} m$^{-1/2}$

s = Nadelhub in mm

s ↓	$n_1' \rightarrow$	0,25	0,50	0,75	1,00	1,25	1,396	1,50	1,75	2,00	2,25	2,50	2,75	3,00	$\dfrac{n_1'\,_{max}}{}$ wenn $P_{H_1}=0$ und $\eta_H=0$
5	P_{H_1}	0,442	0,803	1,086	1,277	1,392	1,42	1,422	1,377	1,243	1,023	0,722	0,361		2,94
	η_H	0,252	0,458	0,619	0,728	0,795	0,81	0,811	0,785	0,709	0,583	0,411	0,206		
10	P_{H_1}	0,87	1,58	2,13	2,53	2,76	2,84	2,845	2,77	2,53	2,13	1,56	0,89	0	3,00
	η_H	0,258	0,47	0,633	0,752	0,820	0,844	0,845	0,823	0,752	0,633	0,464	0,2645	0	
15	P_{H_1}	1,272	2,32	3,14	3,73	4,09	4,2	4,22	4,14	3,81	3,28	2,5	1,532	0,257	3,05
	η_H	0,263	0,48	0,65	0,771	0,845	0,869	0,874	0,856	0,788	0,679	0,517	0,317	0,0532	
20	P_{H_1}	1,646	3,0	4,07	4,84	5,31	5,48	5,5	5,44	5,03	4,34	3,35	2,12	0,508	3,08
	η_H	0,2665	0,486	0,66	0,784	0,86	0,888	0,891	0,881	0,815	0,702	0,542	0,343	0,0823	
25	P_{H_1}	1,97	3,6	4,87	5,8	6,37	6,57	6,61	6,51	6,05	5,25	4,07	2,6	0,732	3,09
	η_H	0,267	0,489	0,661	0,787	0,865	0,89	0,896	0,884	0,82	0,712	0,551	0,353	0,0993	
30	P_{H_1}	2,245	4,1	5,55	6,61	7,28	7,5	7,54	7,43	6,9	5,98	4,61	2,94	0,8	3,09
	η_H	0,267	0,489	0,66	0,786	0,865	0,892	0,896	0,884	0,821	0,712	0,549	0,35	0,0952	
35	P_{H_1}	2,523	4,605	6,25	7,45	8,2	8,46	8,53	8,4	7,84	6,83	5,32	3,365	1,1	3,10
	η_H	0,2682	0,49	0,665	0,7925	0,872	0,90	0,907	0,893	0,834	0,726	0,566	0,358	0,117	
40	P_{H_1}	2,752	5,02	6,81	8,11	8,925	9,2	9,275	9,15	8,52	7,44	5,79	3,75	1,17	3,10
	η_H	0,269	0,4905	0,665	0,7925	0,872	0,90	0,907	0,894	0,833	0,726	0,565	0,366	0,1143	

b) Die allgemeine rechnerische Bestimmung des Gefällswirkungsgrades η_H

Nach Seite 13 ist für jede Teilturbine

$$\eta_H = \frac{\varDelta P_H}{\varDelta P_d}$$

Da nach Gl. (62)

$$\varDelta P_H = A \cdot n' - B \cdot n'^2$$

folgt:

$$\eta_H = \frac{A \cdot n' - B \cdot n'^2}{\gamma \cdot \varDelta Q \cdot H} \tag{63}$$

Beispiel zur Berechnung des Gefällswirkungsgrades η_H für Teilturbine 1 bei einem Nadelhub $s = 20$ mm

$$\eta_{H_{\mathrm{I}}} = \frac{438{,}0 \cdot n_1' - 142{,}2 \cdot n_1'^2}{1000 \cdot 0{,}004603 \cdot 80}$$

$$\eta_{H_{\mathrm{I}}} = 1{,}19 \cdot n_1' - 0{,}386 \cdot n_1'^2 \tag{63 I}$$

Die Werte für η_H der ersten Teilturbine bei einem Nadelhub $s = 20$ mm sind in Tabelle 6 zusammengestellt. Nach der vorstehend beschriebenen Methode wurden nun für acht verschiedene Nadelhübe die Leistungen P_H und die Wirkungsgrade η_H für jede Teilturbine berechnet und die totale Leistung P_H bestimmt.

Die errechneten Werte von η_H bei verschiedenen n_1' und jeden Nadelhub s sind in Tabelle 7 zusammengestellt.

Zum Vergleich mit η_v ist $\eta_H = f(n_1')$ in Bild 22 dargestellt.

6. Die Durchführung der weiteren Versuche

a) Vorversuche

Bevor die Hauptversuche durchgeführt wurden, mußten zuerst folgende unbekannte Größen bestimmt werden:

α) Massenträgheitsmoment der rotierenden Teile der Versuchsturbine sowie des Generators, welcher mit der Versuchsturbine gekuppelt ist.

β) Reibungs- und Ventilationsverluste des Generators, der Versuchsturbine + *Prony*scher Bremsscheibe.

γ) Reibungs- und Ventilationsverluste der Turbine als Einzelgrößen.

δ) Elektrische Verluste des Generators.

α) Ermittlung des Massenträgheitsmomentes der rotierenden Teile der Versuchsturbine

Das Massenträgheitsmoment wurde durch Torsions-Pendelversuche bestimmt.

Hängt ein Körper an einem Draht und gibt man ihm eine Torsion, so beträgt beim Loslassen das Drehmoment

$$\Theta \frac{d\omega}{dt} = - M_d \tag{64}$$

wobei

$\Theta = $ Massenträgheitsmoment in kg m s²

$\omega = $ Winkelgeschwindigkeit in s⁻¹

$M_d = $ Drehmoment in kg m

Setzen wir
$$\omega = \frac{d\varphi}{dt}$$

$\varphi = $ Verdrehungswinkel des Drahtes

dann wird
$$\Theta \frac{d^2\varphi}{dt^2} = -\,M_d \tag{64a}$$

Anderseits ist
$$\varphi = \frac{M_d \cdot l \cdot \beta}{J_p} \tag{65}$$

wobei

$M_d = $ Drehmoment in kg cm
$l = $ Drahtlänge in cm
$\beta = $ Schubzahl in cm²/kg

$$\beta = \frac{13}{5} \cdot \frac{1}{E} \quad (E = \text{Elastizitätsmodul in kg/cm}^2)$$

$J_p = $ polares Trägheitsmoment des Drahtquer-
schnittes in cm⁴

oder
$$M_d = \varphi \cdot \frac{J_p}{l \cdot \beta}$$

Setzen wir
$$\frac{J_p}{l \cdot \beta} = k = \text{konstant für einen bestimmten Draht}$$
$$\text{von gegebener Länge}$$

dann wird
$$M_d = \varphi \cdot k$$

Setzen wir M_d in Gl. (64 a)
$$\Theta \cdot \frac{d^2\varphi}{dt^2} = -\,\varphi \cdot k$$

$$\frac{d^2\varphi}{dt^2} + \frac{k}{\Theta} \cdot \varphi = 0 \tag{66}$$

Diese Differentialgleichung kann ohne weiteres integriert werden und man
erhält:

$$\varphi = A \cdot \sin\left(\sqrt{\frac{k}{\Theta}} \cdot t\right) + B \cdot \cos\left(\sqrt{\frac{k}{\Theta}} \cdot t\right)$$

Setzen wir für $t = 0$, $\varphi = 0$, so folgt:

$$\varphi = A \cdot \sin(\lambda \cdot t)$$

wo
$$\lambda = \sqrt{\frac{k}{\Theta}}$$

Die Dauer T einer vollen Torsionsschwingung des physikalischen
Pendels mit einem Massenträgheitsmoment von Θ ist

$$\lambda \cdot T = 2\,\pi$$

$$T = 2\,\pi \cdot \sqrt{\frac{\Theta}{k}}$$

somit
$$\Theta = \frac{T^2}{4\,\pi^2} \cdot k \tag{67}$$

wobei
$$\Theta = \text{Massenträgheitsmoment der Drehmasse in kg m s}^2$$
$$T = \text{Dauer der vollen Torsionsschwingung in Sek.}$$
$$k = \frac{J_p}{l \cdot \beta}$$

Das Massenträgheitsmoment von Körper 1 beträgt bei gleichem k, d. h. gleichem Drahtquerschnitt und gleicher Länge

$$\Theta_1 = \frac{T_1{}^2}{4\,\pi^2} \cdot k$$

von Körper 2

$$\Theta_2 = \frac{T_2{}^2}{4\,\pi^2} \cdot k$$

somit
$$\Theta_1 = \Theta_2 \cdot \frac{T_1{}^2}{T_2{}^2} \tag{68}$$

wobei
$$\Theta_1 = \text{Massenträgheitsmoment von Körper 1 in kg m s}^2$$
$$\Theta_2 = \text{Massenträgheitsmoment von Körper 2 in kg m s}^2$$
$$T_1 = \text{Schwingungsdauer von Körper 1 in Sek.}$$
$$T_2 = \text{Schwingungsdauer von Körper 2 in Sek.}$$

Bei unseren Versuchen war:

$$\Theta_1 = \text{Massenträgheitsmoment der rotierenden Turbinenteile}$$
$$\Theta_2 = \text{Massenträgheitsmoment des ähnlichen Vergleichskörpers.}$$

Das Massenträgheitsmoment Θ_2 des ähnlichen Körpers können wir leicht geometrisch bestimmen, wenn ein entsprechender Körper gewählt wird, so daß sich dann das Massenträgheitsmoment Θ_1 der rotierenden Teile der Versuchsturbine berechnen läßt.

Durchführung der Torsion-Pendelversuche

Die Versuchsturbine wurde von der *Prony*schen Bremse abgekuppelt und das Laufrad mit Welle und Kupplung ausgebaut. Dann wurde das Gewicht sämtlicher rotierender Teile der Versuchsturbine, deren Massenträgheitsmoment bestimmt werden soll, mittels einer Waage ermittelt (gewogenes Gewicht = 161,0 kg).

Unter Berücksichtigung der Festigkeit des Drahtes wurden die rotierenden Turbinenteile mittels eines Drahtes von 2 mm Durchmesser und 207 mm Länge an einem Kranhaken aufgehängt. Die ganze Masse wurde hierauf in Drehung versetzt und die Zeit für zehn volle Schwingungen gemessen. Der Durchschnittswert T_1 einer vollen Schwingung errechnet sich zu 45,22 sec.

Als Vergleichskörper diente eine Riemenscheibe, deren Massenträgheitsmoment Θ_2 geometrisch zu 1,07 kg m s^2 berechnet wurde. Nun wurde der Vergleichskörper an Stelle der Versuchsturbinenmasse am gleichen Draht aufgehängt und wieder die Zeit für zehn volle Schwingungen bestimmt. Der Durchschnittswert T_2 einer vollen Schwingung wurde zu 79,76 sec ermittelt.

Das Massenträgheitsmoment der Rotationswelle der Versuchsturbine errechnet sich nach Gl. (68) zu:

$$\Theta_1 = \Theta_2 \cdot \frac{T_1^{\,2}}{T_2^{\,2}}$$

d. h. $$\Theta_1 = 1{,}07 \cdot \left(\frac{45{,}22}{79{,}76}\right)^2 = 0{,}344 \text{ kg m s}^2$$

Zur Kontrolle des oben bestimmten Massenträgheitsmomentes wurde dasselbe noch geometrisch auf Grund der Werkstattzeichnungen berechnet. Es ergab sich 0,35 kg m s², so daß eine gute Übereinstimmung feststellbar ist.

Das Massenträgheitsmoment der *Prony*schen Bremsscheibe sowie der Bremswelle und der Kupplung wurde geometrisch aus den Werkstattzeichnungen bestimmt und man erhielt:

Massenträgheitsmoment der *Prony*schen Bremsscheibe = 0,4090 kg m s².

Massenträgheitsmoment der Bremswelle mit Kupplung = 0,0245 kg m s².

Damit beträgt das Massenträgheitsmoment aller rotierenden Teile der Versuchsturbine inklusive der *Prony*schen Bremsscheibe = 0,344 + 0,4090 + + 0,0245 = 0,7775 kg m s².

Ermittlung des Massenträgheitsmomentes des Generators

Das Massenträgheitsmoment Θ_G des Rotors des Generators mit Welle wurde von der Lieferfirma zu 0,841 kg m s² angegeben.

Zusammenstellung der Massenträgheitsmomente

Θ der rotierenden Teile der Versuchsturbine = 0,3440 kg m s²
Θ der *Prony*schen Bremsscheibe   = 0,4090 kg m s²
Θ der Bremswelle mit Kupplung   = 0,0245 kg m s²
Θ des Generators   = 0,8410 kg m s²

Totales Massenträgheitsmoment Θ = 1,6185 kg m s²
                                                $\simeq$ 1,62   kg m s²

Dieser Wert für Θ stimmt mit dem Ergebnis früherer, auf anderem Wege (durch doppelten Ablaufversuch) durchgeführter Messungen gut überein.

β) Bestimmung der Reibungs- und Ventilationsverluste von Generator, Versuchsturbine und Pronyscher Bremsscheibe

Die mechanischen Verluste der Versuchsturbine, der Bremse sowie des Generators wurden durch Ablaufversuche bestimmt. Die rotierenden Massen wurden auf eine bestimmte Drehzahl gebracht und hierauf wurde der Antrieb plötzlich ausgeschaltet. Die aufgespeicherte Energie wurde dann durch die mechanischen Verluste aufgebraucht, die die Massen zum Stillstand bringen.

Die Bewegungsgleichung für die rotierenden Massen lautet:

$$\Theta \cdot \frac{d\omega}{dt} = -\,M$$

wobei Θ = Massenträgheitsmoment aller rotierenden Massen in kg m s²

$\dfrac{d\omega}{dt}$ = resultierende Winkelbeschleunigung oder Verzögerung pro Sek.

M = resultierendes Moment in kg m ist.

Ferner ist
$$M = M_A - M_W$$
wobei M_A = Antriebsmoment
M_W = Widerstandsmoment ist.

Wenn, wie oben ausgeführt, der Antrieb plötzlich ausgeschaltet wird, dann ist $M_A = 0$. Das Widerstandsmoment setzt sich aus Reibungs- und Ventilationsverlusten zusammen. Diese Verluste bewirken eine Drehzahlabnahme, d. h. es ist $\dfrac{d\omega}{dt} < 0$, und wir erhalten:

$$\Theta \cdot \left(+ \frac{d\omega}{dt} \right) \doteq - M_W$$

$$\Theta \cdot \frac{d\omega}{dt} = \left| M_W \right| = M_{R+V} \tag{69}$$

wobei M_{R+V} das Drehmoment infolge Reibungs- und Ventilationsverlusten ist.

Wenn die Turbine mit dem Generator gekuppelt ist und die Bremsscheibe mitläuft, dann wird

$$\Theta_{T+G+B} \cdot \left(\frac{d\omega}{dt} \right)_{T+G+B} = (M_{R+V})_{T+G+B}$$

Wenn nur der Generator läuft:

$$\Theta_G \cdot \left(\frac{d\omega}{dt} \right)_G = (M_{R+V})_G$$

Daraus ergibt sich

$$(M_{R+V})_{T+G+B} - (M_{R+V})_G = (M_{R+V})_{T+B} \tag{70}$$

Der Index $T + B$ bedeutet sämtliche rotierenden Massen der Versuchsturbine, wie Turbinenlaufrad, *Pronysche* Bremsscheibe, Wellen und Kupplungen, der Index G die rotierenden Massen des Generators.

Das Massenträgheitsmoment aller rotierenden Massen wurde bereits unter α (s. Seite 56) bestimmt. Die Winkelverzögerung $\dfrac{d\omega}{dt}$ bestimmen wir durch Ablaufversuche und nach Gl. (69) das Moment M_{R+V}. Die Leistung, die durch mechanische Verluste verlorengeht, beträgt:

$$P_{R+V} = M_{R+V} \cdot \omega \quad \text{in } \mathrm{kg\,m\,s^{-1}}$$

Diese Leistung errechnet sich in kW zu $\dfrac{P_{R+V}}{102}$ und in PS zu $\dfrac{P_{R+V}}{75}$.

Die durch den Ablaufversuch bestimmte abfallende Drehzahl n (U/min) in Funktion der Zeit (Sek.) kann auch auf die Winkelgeschwindigkeit ω umgerechnet werden.

Es ist:
$$\omega = \frac{2 \cdot \pi \cdot n}{60} = \frac{\pi \cdot n}{30}; \ \mathrm{s^{-1}}$$

und die Winkelbeschleunigung oder Verzögerung $\dfrac{d\omega}{dt}$ in $\mathrm{s^{-2}}$.

Im fernern wurde die totale Anzahl der Umdrehungen n^* in Funktion der Zeit t (Sek.) gemessen. Dadurch erhalten wir den totalen Drehwinkel $\varphi = 2 \cdot \pi \cdot n^*$ in Funktion der Zeit t (Sek.) und damit die Winkelgeschwindigkeit

$$\omega = \frac{d\varphi}{dt}; \quad \mathrm{s}^{-1}$$

Beide Winkelgeschwindigkeiten müssen gleich sein, d. h.

$$\frac{d\varphi}{dt} = \frac{2 \cdot \pi \cdot n}{60}, \quad \mathrm{wo} \quad \varphi = 2 \cdot \pi \cdot n^*$$

Wir haben somit:

$$\frac{d(2 \cdot \pi \cdot n^*)}{dt} = \frac{2 \cdot \pi \cdot n}{60}$$

d. h.
$$60 \cdot \frac{dn^*}{dt} = n \tag{71}$$

$\dfrac{dn^*}{dt} \cdot 60 = f(t)$ erhält man durch graphische Differentiation aus der $n^* = f(t)$-Kurve. Dies ergibt uns eine Kontrolle für den Verlauf $n = f(t)$.

Versuchsdurchführung:

1. Generator allein.

Um die Reibungs- und Ventilationsverluste des Generators G_1 (siehe Bild 12) allein zu bestimmen, wurde die Versuchsturbine VT und die Bremsscheibe PB ausgekuppelt. Die Serie-Parallel-Pumpe SPP wurde in Betrieb gesetzt und auf eine Drehzahl von 1000 U/min gebracht. Diese Pumpe fördert das Wasser zur *Francis*-Turbine FT, um diese anzutreiben. Diese *Francis*-Turbine ist mit dem Generator G_2 gekuppelt, welcher den als Synchronmotor verwendeten Generator G_1 speist. Um die beiden Generatoren G_1 und G_2 parallelzuschalten, wurde der Leitapparat der *Francis*-Turbine geschlossen, was zum Stillstand der Maschine führte. Nach vollzogener Parallelschaltung wurde der *Francis*-Turbinenleitapparat langsam geöffnet und damit die Turbine und der mit ihr gekuppelte Generator G_2 in langsame Drehung versetzt. Um den parallelgeschalteten Versuchsgenerator G_1 mit dem Generator G_2 laufen lassen zu können, mußte sein Anlaufmoment von Hand überwunden werden. Hierauf wurde die Drehzahl der Serie-Parallel-Pumpe stufenweise bis auf eine Drehzahl von 1450 U/min erhöht, bei welcher Drehzahl die *Francis*-Turbine und der mit ihr gekuppelte Generator G_2 mit zirka 1800 U/min laufen. Um für die Meßversuche einen guten Beharrungszustand zu erhalten, wurden die Maschinen zirka eine Stunde vor der Versuchsmessung laufen gelassen. Zur Durchführung der Versuche waren vier Personen erforderlich. Die erste hatte mittels *Horn*-Tachometers die Drehzahl der Generatorwelle zu messen. Die zweite hatte den Strom vom Generator G_2 am Pult P_2 auszuschalten, die dritte hatte mittels einer Stoppuhr die Zeit für einen bestimmten Tourenabfall des Versuchs-

Tabelle 8

Ein Beispiel für die Messung $n = f(t)$ und die zur Kontrolle aus $n^* = f(t)$ gerechneten Werte für den Generator

n = Umdrehungen pro Minute
n^* = Anzahl der totalen Umdrehungen
t = Zeit in Sekunden

$n = f(t)$		$n^* = f(t)$		Δt	Δn^*	$\dfrac{\Delta n^*}{\Delta t}$	$n = \dfrac{dn^*}{dt} \cdot 60$; $n = \dfrac{\Delta n^*}{\Delta t} \cdot 60$	t
n	t	t	n^*					
1200	0	0	0	10	190	19	1140	5
1100	10,7	10	190	10	180	18	1080	15
1000	22,8	20	370	10	165	16,5	990	25
900	35,8	30	535	10	150	15	900	35
800	49,9	40	685	10	135	13,5	810	45
750	57,2	50	815	10	125	12,5	750	55
700	65,7	60	940	10	117	11,7	708	65
650	74,5	70	1057	10	108	10,8	648	75
600	83,5	80	1165	10	100	10	600	85
550	93,0	90	1265	10	91	9,1	546	95
500	102,9	100	1356	10	84	8,4	504	105
450	114,6	110	1440	10	80	8	480	115
400	126,6	120	1520	20	140	7	420	130
350	137,4	140	1660	20	110	5,5	330	150
300	151,6	160	1770	20	88	4,4	264	170
250	167,3	180	1858	30	102	3,4	204	195
200	185,4	210	1960	30	68	2,3	138	225
150	205	240	2028	30	42,5	1,42	85,2	255
100	233,5	270	2070,5	30	23	0,77	46,2	285
50	269,4	300	2093,5	30	9,5	0,32	19,2	315
0	332,7	330	2103	9	1,0	0,11	6,6	334,5
		339 (Stillstand)	2104					

Tabelle 9

Berechnung der Reibungs- und Ventilationsverluste des Generators und der Versuchsturbine (einschließlich Bremsscheibe) mit normaler Radbefestigung

n = abfallende Drehzahl in U/min
t = Zeit in Sekunden
ω = Winkelgeschwindigkeit in s^{-1}
$\dfrac{d\omega}{dt}$ = Winkelbeschleunigung in s^{-2}

M = Moment infolge Reibung und Ventilation in kg m
P = Verlustleistung infolge Reibung und Ventilation in kg m s^{-1}
$R + V$ = Reibung und Ventilation
$T + G$ = Turbine und Generator

n	t	ω	Δt	$\Delta\omega$	$\dfrac{\Delta\omega}{\Delta t}$	$M = \Theta\dfrac{d\omega}{dt}$ $M = \Theta\dfrac{\Delta\omega}{\Delta t}$ $M = 1{,}62\cdot\dfrac{\Delta\omega}{\Delta t}$ kg m	Bild 28 (2) $(P_{R+V})_{T+G}$ kg m s^{-1}	(3) $(P_{R+V})_{G}$ kg m s^{-1}	(5) = (2)—(3) $(P_{R+V})_{T}$ kg m s^{-1} $[(T+G)-G]$ (inklusive Bremsscheibe)
1200	0	125,6	8,8	10,45	1,188	1,923	242	112,4	129,6
1100	8,8	115,15	9,5	10,45	1,10	1,78	205	94,4	110,6
1000	18,3	104,7	10,8	10,45	0,967	1,568	164	77,5	86,5
900	29,1	94,25	12,05	10,45	0,877	1,42	134	63,1	70,9
800	41,15	83,80	6,45	5,25	0,815	1,321	111	50,2	60,8
750	47,6	78,55	7,1	5,24	0,738	1,196	94	44,5	49,5
700	54,7	73,31	7,5	5,24	0,698	1,13	83	38,8	44,2
650	62,2	68,07	7,95	5,24	0,66	1,07	72,9	33,2	39,7
600	70,15	62,83	8,65	5,23	0,606	0,998	62,7	28,4	34,3
550	78,8	57,60	9,75	5,24	0,538	0,872	50,2	24,5	25,7
500	88,55	52,36	10,55	5,24	0,497	0,805	42,1	20,4	21,7
450	99,1	47,12	11,6	5,23	0,451	0,730	34,4	16,8	17,6
400	110,7	41,89	12,9	5,24	0,406	0,657	27,5	13,7	13,8
350	123,6	36,65	14,05	5,23	0,371	0,6	22	10,4	11,6
300	137,65	31,42	15,1	5,24	0,347	0,562	17,64	7,85	9,79
250	152,75	26,18	17,35	5,24	0,302	0,489	12,8	5,9	6,9
200	170,1	20,94	19,4	5,23	0,269	0,436	9,14	4,0	5,14
150	189,5	15,71	24,15	5,24	0,217	0,352	5,53	2,51	3,02
100	213,65	10,47	26,9	5,23	0,194	0,315	3,3	1,415	1,885
50	240,55	5,24	28,45	5,24	0,184	0,298	1,56	0,6	0,96
0	269	0							

generators zu messen und die vierte hatte die Aufgabe, diese Zeit ins Protokoll einzutragen. Als sämtliche Personen für die Versuchsmessung bereit waren, wurde der Generator G_1 mit seiner Erregergruppe E_1 ausgeschaltet. War die Drehzahl des Generators auf genau 1200 U/min gefallen, dann wurde die Stoppuhr betätigt. Bis zur Drehzahl von 800 U/min wurde je die Zeit für einen Tourenzahlabfall von 100 U/min und von da an nach je 50 U/min bestimmt.

Damit kann die abfallende Drehzahl n des Generators in Funktion der Zeit t aufgezeichnet werden. Die erhaltenen Werte, welche in Bild 24 zusammengestellt sind, wurden als Mittelwerte aus drei Messungen bestimmt.

In einem weiteren Versuch wurde die Anzahl der totalen Umdrehungen n^* des Generators G_1 in Funktion der Zeit t ermittelt. Hierbei

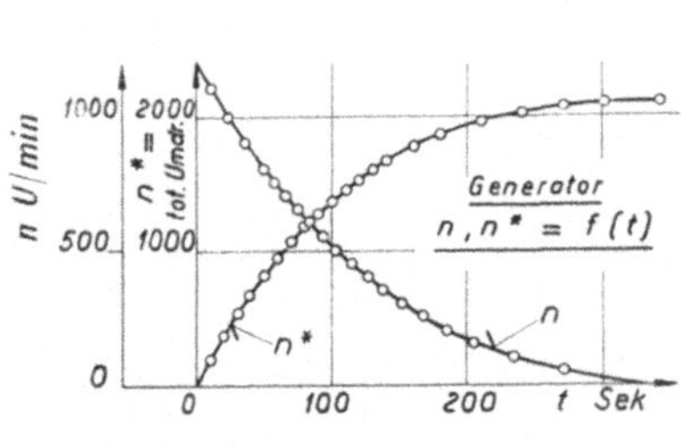

Bild 24

Ablaufversuche am Generator (allein)
n = abfallende Drehzahl in U/min
n^* = Anzahl der totalen Umdrehungen
= Zeit in Sekunden

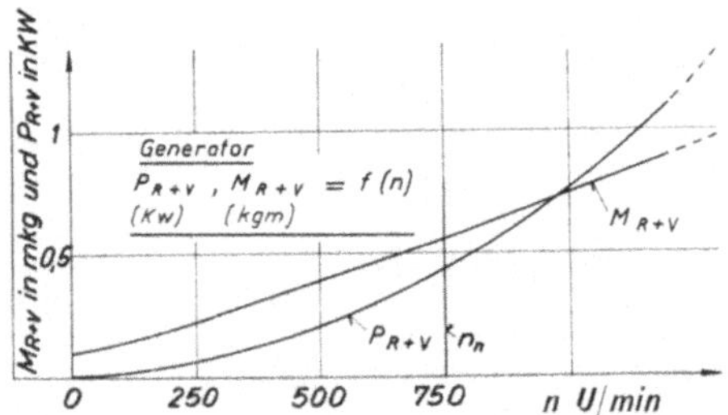

Bild 25. Ablaufversuche am Generator (allein)

P_{R+V} = Verlustleistung in kW infolge Reibung und Ventilation
M_{R+V} = Drehmoment in kg m infolge Reibung und Ventilation
n = abfallende Drehzahl in U/min

wurde statt des Tachometers ein Tourenzähler (s. Seite 35) verwendet, welcher gleichzeitig die Anzahl der totalen Umdrehungen n^* und die Zeit t anzeigt. Das Ergebnis ist ebenfalls in Bild 24 aufgetragen.

Ein Beispiel für die Messung $n = f(t)$ und die zur Kontrolle aus $n^* = f(t)$ gerechneten Werte für den Generator sind in Tabelle 8 zusammengestellt. Die aus der $n^* = f(t)$ gerechneten Werte wurden durch Interpolation von $\dfrac{\Delta n^*}{\Delta t}$ erhalten. Die genaue Berechnung dieser Werte ergibt sich mittels Tangenten $\dfrac{dn^*}{dt}$, ist aber die Kurve schwach gekrümmt, so ist es zulässig, wenn bei genügend kleiner Differenz an Stelle von $\dfrac{dn^*}{dt}$ $\dfrac{\Delta n^*}{\Delta t}$ gesetzt wird.

Die Werte für die Berechnung der Reibungs- und Ventilationsverluste des Generators sind in Tabelle 9 aufgeführt. Bild 25 zeigt das Moment M_{R+V} in kg m sowie die Leistung P_{R+V} in kg m s^{-1} in Funktion der Drehzahl n in U/min.

2. Versuchsturbine mit *Pronyscher* Bremsscheibe und Generator gekuppelt:

Die genau gleichen Versuche, wie vorstehend beschrieben, wurden für die Versuchsturbine, mit *Pronyscher* Bremsscheibe und Generator gekuppelt, durchgeführt (s. Bild 26):

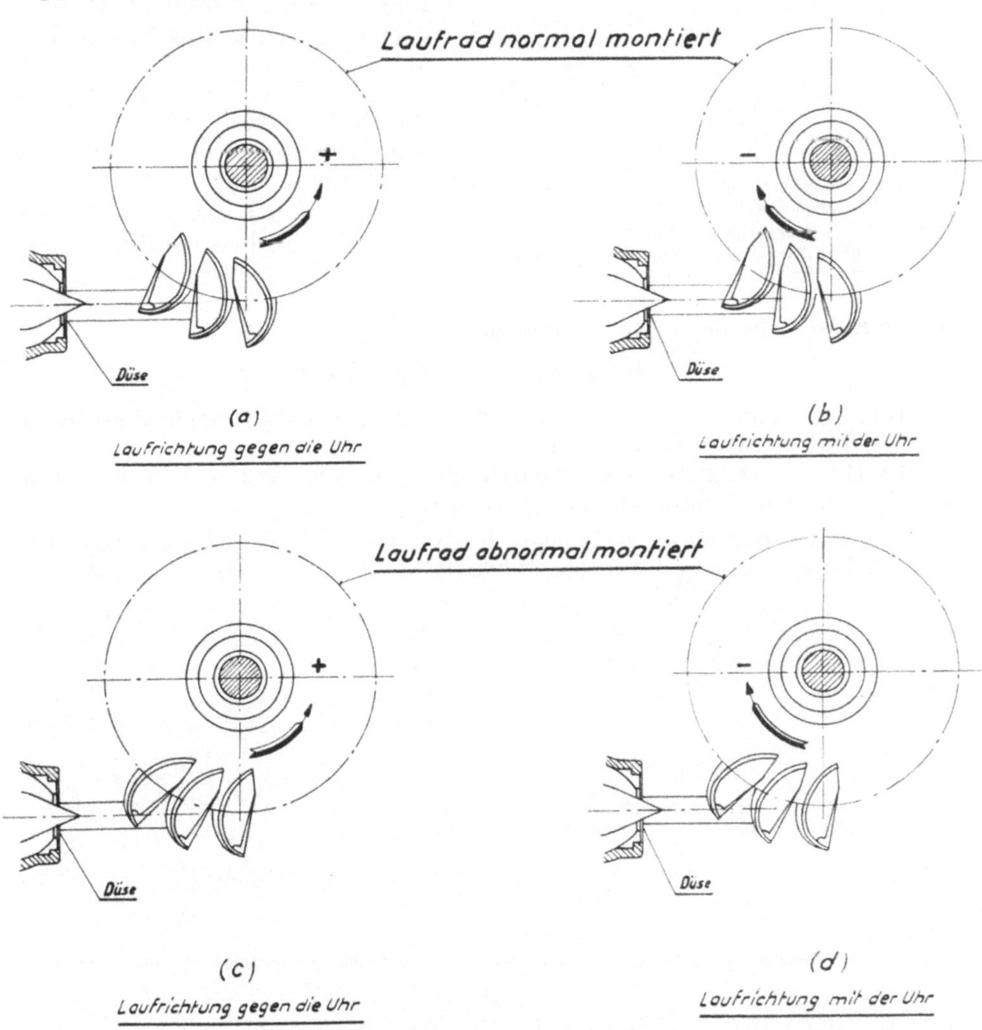

Bild 26. Versuchsanordnungen

a) Turbinenlaufrad normal montiert und Laufrichtung im Gegenuhrzeigersinn,

b) Turbinenlaufrad normal montiert und Laufrichtung im Uhrzeigersinn,

c) Turbinenlaufrad abnormal montiert und Laufrichtung im Gegenuhrzeigersinn,

d) Turbinenlaufrad abnormal montiert und Laufrichtung im Uhrzeigersinn.

Die Versuchsresultate unter a und d sowie unter b und c sollten theoretisch gleich sein, sie zeigen jedoch untereinander eine Abweichung von durchschnittlich $\pm$ 5%. Dieser kleine Unterschied könnte durch eine Änderung der Lagerreibung sowie durch eine solche des Luftwiderstandes (infolge Unsymmetrie, Gehäuse-Düse) begründet werden.

In Tabelle 9 sind für das Beispiel die Reibungs- und Ventilationsverluste zusammengestellt für

1. Turbine inklusive *Prony*scher Bremsscheibe und gekuppelt mit dem Generator,

2. Turbine inklusive *Prony*scher Bremsscheibe, ohne Generator:

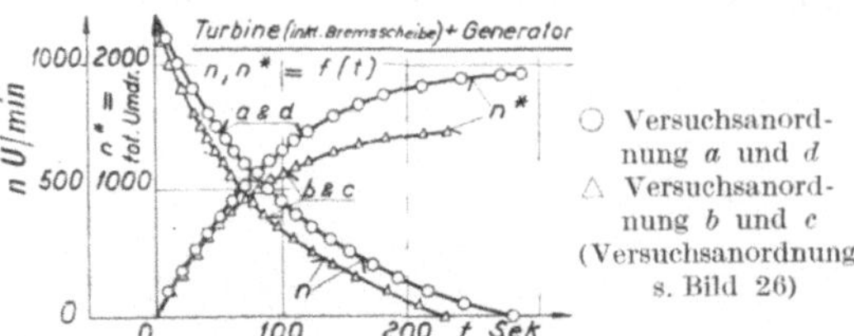

Bild 27. Ablaufversuche an der mit dem Generator gekuppelten Turbine inklusive Bremsscheibe

n = abfallende Drehzahl in U/min
n^* = Anzahl der totalen Umdrehungen
t = Zeit in Sekunden

○ Versuchsanordnung a und d
△ Versuchsanordnung b und c
(Versuchsanordnung s. Bild 26)

$$[(P_{R+V})_{T+G} - (P_{R+V})_G]$$

Bild 27 zeigt $n = f(t)$ sowie $n^* = f(t)$ für die Versuchsanordnung nach a und d sowie nach b und c.

In Bild 28 sind die Verlustleistungen P_{R+V} in kg m s^{-1} in Funktion der Drehzahl in U/min aufgetragen für:

1. Leistungsverbrauch infolge Reibungs- und Ventilationsverlusten der Turbine und des Generators, wenn diese mit der Bremsscheibe ge-

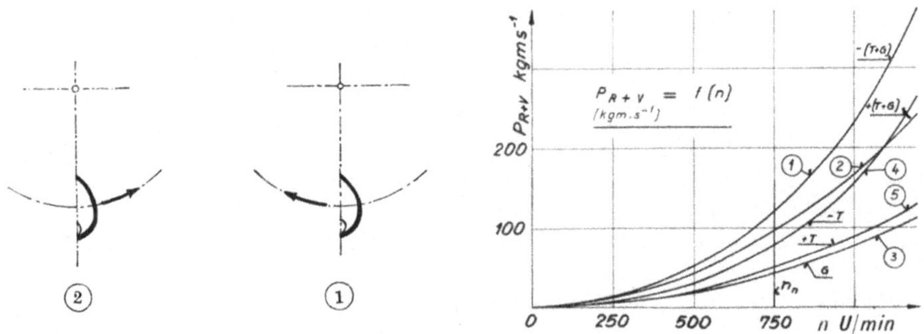

Bild 28. Verlustleistung P_{R+V} in kg m s^{-1} infolge Reibung und Ventilation, aufgetragen in Funktion der Drehzahl n in U/min

kuppelt ist und vom Generator im Uhrzeigersinn angetrieben wird.

2. Leistungsverbrauch infolge Reibungs- und Ventilationsverlusten der Turbine und des Generators, wenn diese mit der Bremsscheibe gekuppelt ist und vom Generator in Gegenuhrzeigerrichtung angetrieben wird.

3. Leistungsverbrauch infolge Reibungs- und Ventilationsverlusten des Generators.

4. Leistungsverbrauch infolge Reibungs- und Ventilationsverlusten von Turbine und Bremsscheibe, wenn sie sich im Uhrzeigersinn drehen [d. h. (1)—(3)].

5. Leistungsverbrauch infolge Reibungs- und Ventilationsverlusten von Turbine und Bremsscheibe, wenn sie sich im Gegenuhrzeigersinn drehen [d. h. (2)—(3)].

γ) *Reibungs- und Ventilationsverluste der Turbine als Einzelgrößen*

Mit den bisherigen Versuchen erhielten wir für die Versuchsturbine und die *Prony*sche Bremse die Reibungs- und Ventilationsverluste gesamthaft. Es sind nun sowohl für die Versuchsturbine als auch für die *Prony*sche Bremse je die Reibungs- und Ventilationsverluste getrennt zu bestimmen.

Die Reibungsverluste rühren von der Zapfenreibung der Welle in den Lagern her. Die Ventilationsverluste entstehen durch den Luftwiderstand, der von den rotierenden Teilen herrührt. Die Leistung infolge dieser beiden Verluste ist gegeben durch den auch von Dr. *Taygun**) benützten Ansatz

$$P_{R+V} = \Theta \cdot (\underbrace{k_1 \cdot \sqrt{G} \cdot n^{3/2}}_{\text{Reibung}} + \underbrace{k_2 \cdot n^3}_{\text{Ventilation}})$$

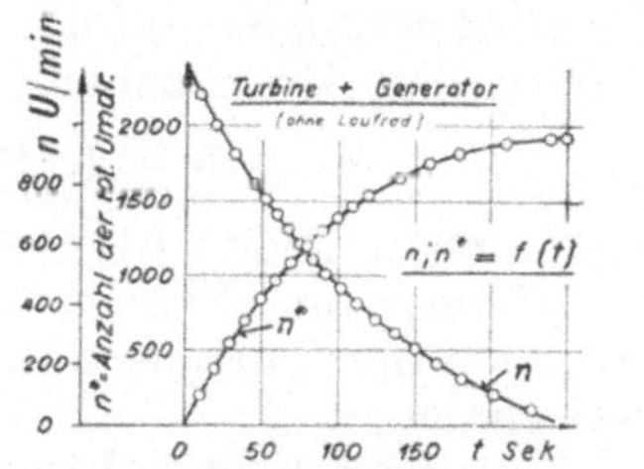

Bild 29. Ablaufversuche an der mit dem Generator gekuppelten Turbine inklusive Bremsscheibe, jedoch ohne Laufrad

wobei Θ = Massenträgheitsmoment aller rotierenden Massen

G = gesamtes rotierendes Gewicht

n = Drehzahl pro Zeiteinheit

k_1 und k_2 = empirische Konstanten.

n = abfallende Drehzahl in U/min
n^* = Anzahl der totalen Umdrehungen
t = Zeit in Sekunden

Wenn wir aus Bild 28, Kurve Nr. 5, die Reibungsverluste mit dem Wert $\left(\Theta \cdot k_1 \cdot \sqrt{G} \cdot n^{3/2}\right)$ abziehen, erhalten wir die Verlustleistung durch die Ventilation, die bei uns mit der 3,3-Potenz der Drehzahl für unser Rad wächst. In unserem Fall kann somit obiger Ansatz geschrieben werden zu

$$P_{R+V} = \Theta \cdot \left(k_1 \cdot \sqrt{G} \cdot n^{3/2} + k_2 \cdot n^{3,3}\right) \tag{72}$$

Die Aufgabe besteht nun darin, die Werte der Konstanten k_1 und k_2 für Turbine und Bremse zu bestimmen. Dies erfolgt mit Hilfe von Kurve Nr. 5 aus Bild 28, wo die mechanische Verlustleistung P_{R+V} für Turbine und Bremse in Funktion der Drehzahl n aufgezeichnet ist. Die Konstanten k_1 und k_2 werden mittels der Methode der kleinsten Quadrate nach *Gauß* berechnet.

$$(P_{R+V})_i - k_1 \cdot \Theta \cdot \sqrt{G} \cdot n_i^{3/2} - k_2 \cdot \Theta \cdot n_i^{3,3} = \delta_i$$

oder $\qquad [(P_{R+V})_i - k_1' \cdot n_i^{3/2} - k_2' \cdot n_i^{3,3}]^2 = (\delta_i)^2$

wobei $\qquad k_1' = k_1 \cdot \Theta \cdot \sqrt{G}$

$$k_2' = k_2 \cdot \Theta$$

Dann wird $\qquad (\delta_i)^2 = f\,(k_1' \text{ und } k_2')$

---

*) *F. Taygun:* Dissertation E. T. H. 1946, S. 70.

k_1' und k_2' soll so bestimmt werden, daß $\Sigma(\delta_i)^2$ ein Minimum wird, d. h.

$$\frac{\partial\Sigma(\delta_i)^2}{\partial k_1'} = 0 \quad \text{und} \quad \frac{\partial\Sigma(\delta_i)^2}{\partial k_2'} = 0$$

Wir erhalten dann die in der folgenden Tabelle enthaltenen Werte:

$\begin{aligned}&k'\\&= \Theta \cdot \sqrt{G} \cdot k_1\end{aligned}$	$\begin{aligned}&k_2'\\&= \Theta \cdot k_2\end{aligned}$	k_1	k_2
$1641 \cdot 10^{-6}$	$69{,}71 \cdot 10^{-10}$	$112{,}3 \cdot 10^{-6}$	$89{,}7 \cdot 10^{-10}$

Bei der Durchführung der Ablaufversuche erhielten wir die mechanischen Verlustleistungen (infolge Reibung und Ventilation) von Versuchsturbine, *Prony*scher Bremsscheibe und Generator zusammen:

$$(P_{\mathrm{mech}})_{\mathrm{I}} = (\Delta P_{R+V})_{\mathrm{Turb.}} + (\Delta P_{R+V})_{\mathrm{Sch.}} + (\Delta P_{R+V})_{\mathrm{Gen.}}$$

Unter 1 (Seite 61) haben wir die mechanischen Verluste $(P_{R+V})_{\mathrm{Gen.}}$ des Generators allein bestimmt. Damit können wir nun die mechanischen Verluste der Turbine und der Bremsscheibe, wie früher schon angegeben, berechnen.

Um diese beiden Verluste von Turbine allein und Bremsscheibe allein bestimmen zu können, sollte man die Bremsscheibe von der Turbine auskuppeln und mit dem Generator laufen lassen. Die Anordnung ist aber so, daß die Bremse nur ein Lager besitzt (s. Bild 14). Die Lageranordnung erlaubte uns also nicht, diese Versuche durchzuführen. Die angenäherten Werte für die Reibungs- und Ventilationsverluste der Turbine und Bremse wurden deshalb wie folgt berechnet:

Aus Gl. (72) ergeben sich die Reibungsverluste für Turbine und Bremse allgemein zu:

$$P_R = \Theta \cdot \sqrt{G} \cdot k_1 \cdot n^{3/2}$$

oder im speziellen:

$$(P_R)_1 = \Theta_1 \cdot \sqrt{G_1} \cdot k_1 \cdot n^{3/2} \quad \text{für den ersten}$$

und

$$(P_R)_2 = \Theta_2 \cdot \sqrt{G_2} \cdot k_1 \cdot n^{3/2} \quad \text{für den zweiten Teil.}$$

Damit wird

$$\frac{(P_R)_1}{(P_R)_2} = \frac{\Theta_1 \cdot \sqrt{G_1}}{\Theta_2 \cdot \sqrt{G_2}}$$

d. h. in unserem Falle:

$$\frac{(P_R)_{\mathrm{Turb.}}}{(P_R)_{\mathrm{Bremse}}} = \frac{\Theta_T \cdot \sqrt{G_T}}{\Theta_B \cdot \sqrt{G_B}} \tag{73}$$

$\Theta_T =$ Massenträgheitsmoment der Turbinen-Rotationsteile $= 0{,}344\ \mathrm{kg\ m\ s^2}$
$\Theta_B =$ Massenträgheitsmoment der Brems-Rotationsteile $= 0{,}4335\ \mathrm{kg\ m\ s^2}$
(aus Werkstattzeichnungen bestimmt)
$G_T =$ Gewicht der Turbinen-Rotationsteile $= 161\ \mathrm{kg}$ (gewogen)
$G_B =$ Gewicht der Brems-Rotationsteile $= 191\ \mathrm{kg}$ (aus Werkstattzeichnungen bestimmt).

Diese Werte in Gl. (73) eingesetzt:

$$\frac{(P_R)_{\mathrm{Turb.}}}{(P_R)_{\mathrm{Bremse}}} = \frac{0{,}344 \cdot \sqrt{161}}{0{,}4335 \cdot \sqrt{191}} = \frac{4{,}37}{5{,}98}$$

Die Reibungsverluste betragen somit:

$$\frac{4,37}{(4,37 + 5,98)} \cdot k_1 \cdot n^{3/2} \quad \text{für die Turbine}$$

und
$$\frac{5,98}{(4,37 + 5,98)} \cdot k_1 \cdot n^{3/2} \quad \text{für die } Pronysche \text{ Bremse.}$$

Ferner hatte man die Möglichkeit, die Ablaufversuche mit der vom Generator angetriebenen Turbine, an der das Laufrad entfernt wurde, gekuppelt mit der *Pronyschen* Bremse, durchzuführen. Hierfür gilt, gemäß Gl. (72):

$$P_{R+V} = \Theta \cdot k_1 \cdot \sqrt{G} \cdot n^{3/2} + \Theta \cdot k_2 \cdot n^{3,3}$$
(Bremsscheibe, Generator und Turbinenwelle).

Unter der Annahme, daß die Konstante k_1 bei beiden Versuchsanordnungen (mit und ohne Turbinenlaufrad) den gleichen Wert aufweist, können wir den Faktor $\Theta \cdot k_1 \cdot \sqrt{G} \cdot n^{3/2}$ bestimmen. Der Faktor $\Theta \cdot k_1 \cdot \sqrt{G} \cdot n^{3/2}$ entspricht den Reibungsverlusten, hervorgerufen durch Bremsscheibe und Turbine ohne Laufrad. Der Faktor $k_2 \cdot n^{3,3}$ stellt die Ventilationsverluste der gleichen Teile dar. Da hier die Turbine ohne Rad läuft, rühren diese Ventilationsverluste praktisch nur von der Bremsscheibe her. Damit ergibt der Ausdruck $k_2 \cdot n^{3,3}$ die Ventilationsverluste der *Pronyschen* Bremse an.

Bis jetzt haben wir bestimmt:

1. Reibungsverluste der Turbine
2. Reibungsverluste der Bremse
3. Ventilationsverluste der Bremse.

Somit können wir nach Abzug dieser drei Verluste aus Gl. (72) die Ventilationsverluste der Turbine ermitteln.

Zur Ermittlung der Reibungs- und Ventilationsverluste je von Turbine und Bremse, im Gegenuhrzeigersinn drehend, sind in Bild 30 folgende Größen in Funktion der Drehzahl n in U/min aufgezeichnet.

1. $(P_{R+V})_{T+B}$ Reibungs- und Ventilationsverluste von Turbine und Bremse in kg m s^{-1}
2. $(P_R)_{T+B}$ Reibungsverluste von Turbine und Bremse in kg m s^{-1}
3. $(P_V)_{T+B}$ Ventilationsverluste von Turbine und Bremse in kg m s^{-1}
4. $(P_R)_T$ Reibungsverluste von Turbine in kg m s^{-1}
5. $(P_R)_B$ Reibungsverluste von Bremse in kg m s^{-1}
6. $(P_V)_B$ Ventilationsverluste von Bremse in kg m s^{-1}
7. $(P_V)_T$ Ventilationsverluste von Turbine in kg m s^{-1}

Die gleichen Werte, jedoch für den Fall, daß die Turbine im Uhrzeigersinn läuft, sind in Bild 31 dargestellt.

Die Werte für $(P_R)_{T+B}$, $(P_R)_T$, $(P_R)_B$, $(P_V)_B$ bleiben bei beiden Versuchsanordnungen a, d und b, c (s. Seite 65) in den Grenzen $\pm$ 5% gleich.

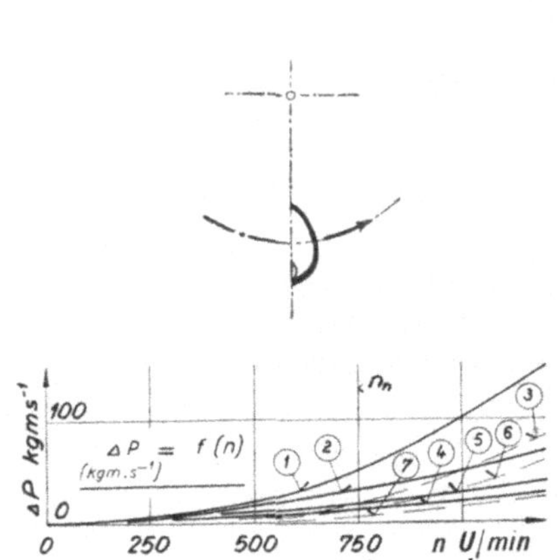

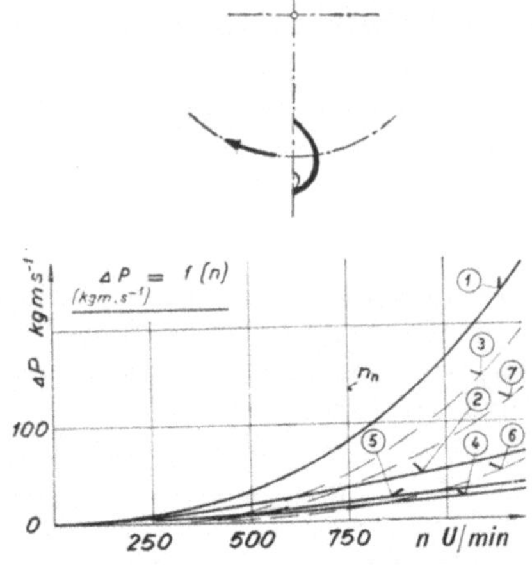

Bild 30. Ermittlung der Reibungs- und Ventilationsverluste je von Turbine und Bremse im Gegenuhrzeigersinn

Bild 31. Ermittlung der Reibungs- und Ventilationsverluste je von Turbine und Bremse im Uhrzeigersinn

δ) Elektrische Verluste des Generators

Die zu ermittelnden Verluste des Generators sind:

1. Die Leerlaufverluste
2. die Erregerverluste
3. die Lastverluste.

Die Leerlaufverluste setzen sich aus den im Leerlauf auftretenden Eisenverlusten und mechanischen Verlusten zusammen, d. h.:

$$P_{\text{leer}} = P_{\text{Fe}} + P_{\text{mech.}} \tag{74}$$

Diese Verluste wurden durch Leerlaufversuche bestimmt. Die mechanischen Verluste $P_{\text{mech.}}$ haben sich schon aus den Ablaufversuchen ergeben (s. letzten Abschnitt Seite 59 und 61). Die verbleibenden Reste ergeben die Eisenverluste.

Die Erregerverluste werden im vorliegenden Fall durch die Erregergruppe gedeckt. Da der zu untersuchende Generator also mit Fremderregung arbeitet, können wir diese Erregerverluste ganz außer acht lassen.

Als Lastverluste sind hauptsächlich die Kupferverluste zu berücksichtigen. Diese setzen sich zusammen aus:

a) *Ohm*sche Verluste in der Ankerwicklung (abhängig von der Temperatur),

b) Zusatzverluste infolge Stromverdrängung bei Entstehung von Wechselstrom sowie Zusatzverluste in den Metallteilen des Stators und Rotors des Generators.

Diese Verluste darf man als unabhängig von der Temperatur annehmen.

Versuch zur Ermittlung der Leerlaufverluste:

Um den Versuchsgenerator G_1 (s. Bild 12) anzutreiben, wurde die gleiche Versuchsdisposition, beschrieben unter Ablaufversuche auf Seite 61, verwendet. Der Erregerstrom im Anker des zu untersuchenden Generators wurde auf den möglichen Mindestwert eingestellt. Die Leerlaufversuche wurden durch Variation der Spannung, unter Beibehaltung einer konstanten Drehzahl, ermittelt, was durch Ausregulierung der Drehzahl der *Francis*-Turbine ermöglicht wurde. Die Leistungsaufnahme des als Motor laufenden Generators wurde mittels der 2-Wattmeter-Methode (s. Bild 32) bestimmt. Die so ermittelten Werte ergeben die Verluste in dem entsprechenden Betriebszustand. Die Messungen wurden mit verschiedenen, aber jeweils konstanten Drehzahlen durchgeführt.

Die so gemessenen Leistungen ergeben die Kupfer-, Eisen- oder Hysteresis- und mechanischen Verluste. Durch Niedrighaltung des Ankerstromes sind die Kupferverluste so klein im Verhältnis zu den Gesamtverlusten, daß sie vernachlässigt werden können. Nach Abzug der mechanischen Verluste, die bereits ermittelt wurden, bleiben als Rest die Eisenverluste. Die Meßresultate dieser Eisenverluste sind in Bild 33 wie folgt aufgezeichnet: P_{Fe} (kW) in Funktion der Spannung V (Volt) bei verschiedenen Drehzahlen (U/min).

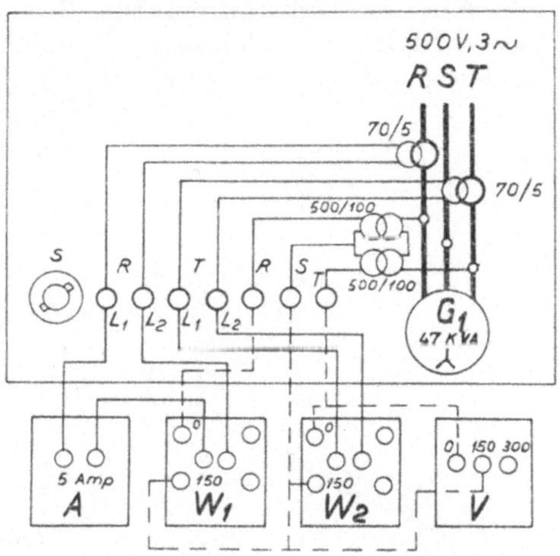

Bild 32. Schaltschema für 2-Wattmeter-Methode

W_1 = Wattmeter 1 (Zähler) G_1 = Generator der
W_2 = Wattmeter 2 (Zähler) Versuchsturbine
A = Ampèremeter S = Schalter
V = Voltmeter

Versuch zur Ermittlung der Lastverluste:

a) *Ohm*sche Verluste in den Ankerwicklungen:

Zuerst wurde der Widerstand der Ankerwicklung des Stators gemessen. Zu diesem Zweck wurde der Deckel des Klemmenbrettes geöffnet. An den so freigelegten Kabelanschlüssen wurde der Widerstand zwischen je zwei Phasen, mittels eines *Ohm*-Meters, bestimmt. Die so ermittelten

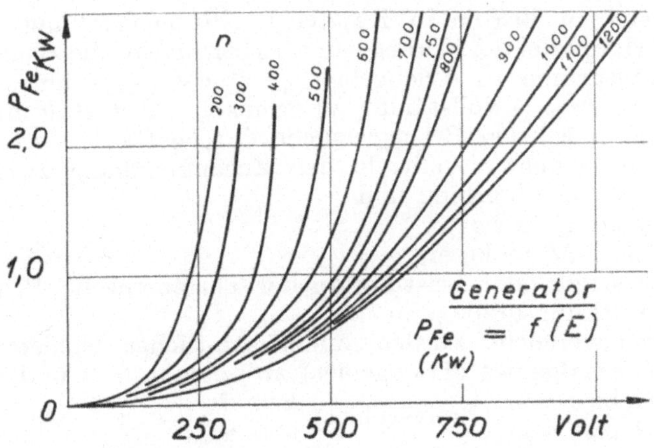

Bild 33. Eisenverluste des Generators in Funktion der Spannung

Widerstände waren: 0,26; 0,26; 0,22 Ω. Das ergibt einen Durchschnitt von 0,125 Ω pro Phase. Für alle drei Phasen $3 \cdot 0,125 = 0,375\ \Omega$. Dieser Wert von 0,375 wurde gemessen bei einer Temperatur von 20° C, ist aber auf eine Betriebstemperatur des Generators von 75° C umzurechnen (nach SREM — Schweiz. Regeln für elektrische Maschinen). Da die Messung mit Gleichstrom durchgeführt wurde, ist bei Verwendung von Wechselstrom zu den Resultaten 20% zu addieren. Damit ergibt sich ein Ankerwicklungswiderstand von $R_a = 0,56\ \Omega$.

Die *Ohm*schen Verluste in Watt sind:

$$P_{Cu_1} = I^2 \cdot R_a$$

wobei

I = total aufgenommener Strom in Amp.
R_a = Widerstand der Ankerwicklung in Ω

bedeuten.

b) Zusatzkupferverluste:

Diese Verluste wurden durch Messen der totalen Leistung bei Dauerkurzschluß auf der Nenndrehzahl ermittelt. Diese Zusatzkupferverluste P_{Cu_2} in Watt sind:

P_{Cu_2} = Verluste bei Dauerkurzschluß auf der Nenndrehzahl — $(P_{\text{leer}} + P_{Cu_1})$

Bei Zusammenfassung aller Kupferverluste ergibt sich:

$$P_{Cu} = P_{Cu_1} + P_{Cu_2} \tag{75}$$

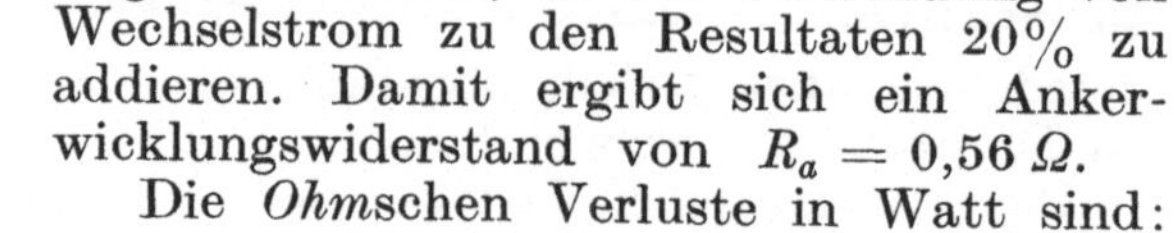

Bild 34. Kupferverluste des Generators in Funktion der Stromstärke

Diese P_{Cu}-Verluste in kW für verschiedene Drehzahlen (U/min) in Funktion der Stromstärke I (Amp.) sind in Bild 34 aufgezeichnet.

b) Hauptversuche

Wie bereits zu Beginn in Kapitel I „Problemstellung" ausgeführt, besteht das Hauptziel der vorliegenden Arbeit darin, die Charakteristiken der Freistrahlturbine in Triebgebiet $(0 < u < u_{\text{max}})$ und Bremsgebiet $(u < 0$ und $u > u_{\text{max}})$ vollständig zu ermitteln. Zur Bestimmung dieser Charakteristiken wurden Bremsversuche durchgeführt.

Die Bremsversuche vermitteln den Zusammenhang zwischen Drehzahl n' in U s^{-1} der Turbine und

Wassermenge Q in l s^{-1},
Drehmoment M in kg m,
totaler Leistung oder Leistung an der Turbinenwelle P_t in kg m s^{-1},
totalem Wirkungsgrad η_t in %.
Diese Bremsversuche wurden nun in sämtlichen Gebieten, d. h.
1. dem Normalgebiet (Triebgebiet) zwischen $u = 0$ und $u = u_{\text{max}}$,
2. dem Gebiet von $\quad$ (Bremsgebiet) $\quad u < 0$,
3. dem Gebiet von $\quad u > u_{\text{max}}$
nach folgenden zwei Methoden durchgeführt:

1. *Triebgebiet:*

α) Mit Hilfe von mechanischen Apparaten, in unserem Falle mittels der Reibungsbremse von *Prony* (s. Seite 33), wurde die Leistung gemessen. Die so durchgeführten Versuche nennen wir die mechanische Bremsung.

β) Mit Hilfe elektrischer Stromerzeuger. Diese Methode bezeichnen wir als elektrische Bremsung.

Im Normalgebiet treibt die Turbine einen elektrischen Stromerzeuger an. Wir wandeln also mechanische Energie in elektrische Energie um. Mißt man die erzeugte elektrische Leistung, so kann, nach Hinzuzählen der Generator- und Bremsverluste, der Turbinenwirkungsgrad η_t und das Turbinendrehmoment M_t bestimmt werden. Um verschiedene Werte der Drehzahl bei konstantem Nadelhub zu erhalten, ändert man die Belastung des Generators durch einen Wasserwiderstand.

2. *Bremsgebiet:*

In den anderen zwei Gebieten, nämlich $u < 0$ und $u > u_{max}$, wird die Turbine von dem als Motor arbeitenden Generator angetrieben, wobei

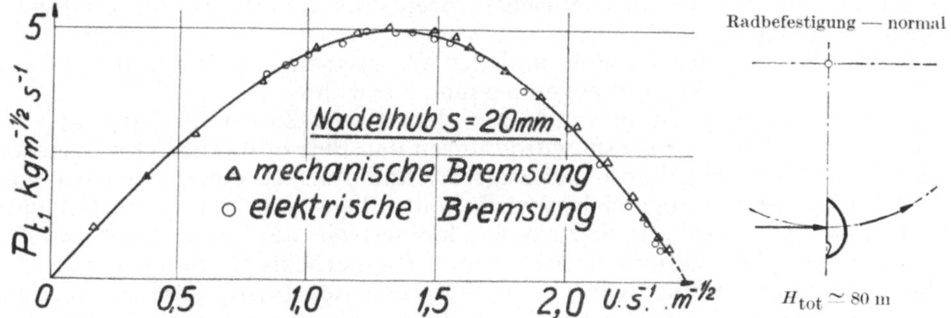

Bild 35. Vergleich zwischen den durch die mechanische Bremsung gefundenen Meßresultaten und durch elektrische Bremsung erhaltenen Resultaten

die von dem Motor aufgenommene Leistung gemessen wird. Der Turbinenstrahl schlägt dann bremsend auf die Radschaufeln auf. Um die Turbine bei bestimmten Betriebsverhältnissen anzutreiben, wurde die Drehzahl der *Francis*-Turbine verändert. Die Veränderung der Drehzahl erfolgte mittels Handregulators am Leitapparat der *Francis*-Turbine, welche den Generator G_2 (s. Bild 12) antrieb, der seinerseits den als Motor zum Antrieb der Versuchsturbine arbeitenden Generator G_1 speiste. Auf diese Weise kann die Leistungsaufnahme dieses Motors bei verschiedener Drehzahl der Versuchsturbine gemessen werden. Nach Abzug der Generator- und Bremsverluste erhalten wir die Turbinenleistung, und damit können wir das Turbinenantriebsmoment berechnen.

Die mechanische Bremsung kann naturgemäß nur im Triebgebiet durchgeführt werden. Die relativ genauesten Ergebnisse erhält man durch die mechanische Bremsung und bei großen Gefällen, d. h. großer Turbinenleistung. Dagegen sind die Ergebnisse durch Bremsung mittels des *Prony*schen Bremszaums bei kleinem Gefälle, d. h. kleiner Leistung, relativ ungenau, weil die Bremsverluste des *Prony*schen Bremszaumes, welche wir nur angenähert bestimmen konnten, im Verhältnis zu den von der Turbine erzeugten Leistung groß sind. Aus diesem Grunde wurden die mechanischen Bremsungen nur bei einem Nenngefälle von 80 m und bei verschiedenen Nadelhüben im Triebgebiet durchgeführt. Die so durch mechanische Bremsung gefundenen Meßresultate sind in Bild 35 den durch elektrische Bremsung erhaltenen Resultaten gegenübergestellt. Der Vergleich zeigt, daß die nach den beiden Methoden gefundenen Ergebnisse nur zirka $\pm 1\%$ voneinander abweichen. Diese gute Übereinstimmung zwischen mechanischer und elektrischer Bremsung erlaubte uns, für alle unsere Bremsversuche die elektrische Bremsung als Grundlage zu verwenden.

Beschreibung der Meßmethoden:

$\varkappa$) Mechanische Bremsung:

Aus   Gefälle H in m
         Wassermenge Q in $\mathrm{m^3\,s^{-1}}$ $\Big\}$ bei einem bestimmten
    und Drehzahl n in U/min   Nadelhub s in mm

erhalten wir bei der mechanischen Bremsung die Werte der Umfangskraft F in kg.

Die Messung des Gefälles und der Wassermenge Q wurde bereits auf Seite 40 unter „Wassermengenmessung" erwähnt.

Die Drehzahlmessung wurde mit dem *Hasler*-Zähler (s. Seite 35) vorgenommen. Diese Drehzahl wurde durch das Betriebstachometer, welches auf dem Turbinengehäuse befestigt ist und mittels eines Riemens von der Turbinenwelle angetrieben wird, kontrolliert. Das Betriebstachometer zeigte eine Drehzahl an, die zirka 2% kleiner war als die am *Hasler*-Zähler abgelesene. Die Differenz rührt vom Riemenschlupf des Tachometers her. Zur Berechnung wurden die Angaben des *Hasler*-Zählers benützt.

Zur Messung der Umfangskraft diente die Einrichtung des Bremszaumes nach *Prony* (s. Seite 33). Zuerst wurde der Hebelarm L der Bremse mit einer Genauigkeit von $1^0/_{00}$ auf 1,430 m Länge eingestellt. Hierauf wurde die Tara des Bremszaumes bestimmt.

Zu diesem Zweck wurde der Arm einmal von oben und einmal von unten sanft losgelassen, bis er im Gleichgewicht war. Der Mittelwert aus diesen zwei Messungen ergab eine Tara zu 7,5 kg mit einer Genauigkeit von $\pm 1\%$.

Die Umfangskraft F der Versuchsturbine am Bremshebel ergibt sich aus der Differenz zwischen der Bruttobelastung G der Bremswaage und der Tara T, d. h.

$$F = G - T \text{ kg}$$

Aus den vier gemessenen Größen H, Q, n und F berechnen wir

die disponible Leistung $P_d = \gamma \cdot Q \cdot H$ in $\mathrm{kg\,m\,s^{-1}}$
das Turbinenmoment $M_t = F \cdot L$ in kg m
die Turbinenleistung $P_t = M_t \cdot \omega$ in $\mathrm{kg\,m\,s^{-1}}$

$$P_t = M_t \cdot \frac{\pi \cdot n}{30} = F \cdot L \cdot \frac{\pi \cdot n}{30} = F \cdot 1{,}43 \cdot \frac{\pi \cdot n}{30} = 0{,}1498 \cdot F \cdot n \text{ in kg m s}^{-1}$$

(wo n in U/min einzusetzen ist), und der totale Wirkungsgrad der Turbine ist dann

$$\eta_t = \frac{P_t}{P_d}$$

β) **Elektrische Bremsung:**

Die elektrische Bremsung ergibt uns die folgenden Größen:

Die totale elektrische Energie in Watt, die der Generator im Triebgebiet der Turbine erzeugt, oder als Motor im Bremsgebiet, d. h. $u < 0$ und $u > u_{max}$ aufnimmt. Die Spannung wird in Volt und der Strom in Ampère gemessen, die Drehzahl n in U/min, das Turbinenbetriebsgefälle H in m, die Wassermenge Q in m³ s^{-1} bei einem bestimmten Turbinenbetriebsgefälle H in m und der Hub s der Düsennadel in mm.

Die vom Generator aufgenommene elektrische Energie wurde wieder nach der 2-Wattmeter-Methode (s. Bild 32) ermittelt. Gleichzeitig wurde die Spannung am Voltmeter und die Stromstärke am Ampèremeter abgelesen.

Die Meßmethoden zur Bestimmung der Drehzahl n, des Gefälles H und der Wassermenge Q sind bereits bei der Beschreibung der Methode der mechanischen Bremsung angegeben.

Mit Hilfe dieser gemessenen Größen berechnet man:

Die disponible Leistung $P_d = \gamma \cdot H \cdot Q$ in kg m s^{-1} ,
Die Turbinenleistung

$$P_t = P_G + (\Delta P_{\text{Generatorverluste}} + \Delta P_{\text{Bremsverluste}})$$

(im Triebgebiet) oder:

Die Turbinenleistungsaufnahme

$$P_t = P_G - (\Delta P_{\text{Generatorverluste}} + \Delta P_{\text{Bremsverluste}})$$

(im Bremsgebiet $u < 0$ und $u > u_{max}$), wobei

$P_G = $ die vermittels der 2-Wattmeter gemessene Leistung in kW ist.

$\Delta P_{\text{Generatorverluste}}$ umfassen:

Mechanische Verluste des Generators infolge Reibung und Ventilation, die auf Bild 25 in Funktion der Drehzahl abgelesen werden können.

Eisenverluste des Generators, die aus Bild 33 in Funktion der Spannung bei verschiedenen Drehzahlen bestimmt werden können.

Kupferverluste des Generators ergeben sich aus Bild 34 in Funktion der Stromstärke bei verschiedenen Drehzahlen.

$\Delta P_{\text{Bremsverluste}} = $ Bremsverluste infolge der mitlaufenden Bremsscheibe, die aus Bild 30 in Funktion der Drehzahl abgelesen werden können.

Die Turbinenleistung in kW berechnet sich zu

$$P_t \text{ (in kW)} \cdot 102 = P_t \text{ in kg m s}^{-1}$$

das Turbinendrehmoment:

$$M_t = \frac{P_t}{\omega} = \frac{P_t}{\dfrac{\pi \cdot n}{30}} = \frac{30 \cdot P_t}{\pi \cdot n} \text{ in kg m}$$

(wo n in U/min und P_t in kg m s^{-1} einzusetzen sind), und der totale Wirkungsgrad

$$\eta_t = \frac{P_t}{P_d}.$$

Versuchsdurchführung

Nenngefälle $H_n = 80$ m.

Die mechanische Bremsung:

Bevor mit den mechanischen Bremsversuchen begonnen wurde, mußte man sich vergewissern, daß der Schieber *S 1* (s. Bild 12), welcher die Hochdruck- mit den Niederdruckleitungen verbindet, geschlossen war und daß die in den Leitungen enthaltene Luft durch die Düse der Versuchsturbine entweichen konnte. Hierauf wurde die Hochdruckpumpe in Betrieb gesetzt, welche das Wasser zur Freistrahlturbine fördert. Je nach den Versuchsbedingungen wurde der Nadelhub der Düse mit einer Schublehre auf einen bestimmten Wert eingestellt. Der Leitapparat der Hochdruckpumpe wurde so reguliert, daß das durch sie erzeugte Gefälle vor der Turbine zirka 80 m war. Um für die Versuchsmessungen die Lager der Turbine in betriebswarmem Zustand zu haben und im Kanal für das Wasser Beharrungszustand zu erreichen, ließ man die Versuchsturbine vorher etwa $^1/_2$ Stunde laufen. Wenn Beharrungszustand erreicht war, wurde mit den Wassermengenmessungen für einen bestimmten Hub begonnen. Die Wassermenge wurde mit der Behälter-Meßmethode (s. Seite 40) vorgenommen. Der vor der Turbine herrschende Druck wurde an einem Manometer abgelesen. Nach dieser Messung begann die Bremsung der Turbine bei höchster Drehzahl. Die Umfangskraft wurde am Hebelarm der Bremse mit einer Waage gemessen und die entsprechende Drehzahl mit dem *Hasler*-Tourenzähler. Für jeden Bremsplan wurden 15 bis 20 Punkte ermittelt. Im Bereich von $n = 650$ U/min bis $n = 850$ U/min sind die Meßpunkte näher beieinander als bei den übrigen Drehzahlen gewählt worden. Wenn die Turbine auf einer kleineren Drehzahl als zirka 150 U/min lief, stieß die Bremsung auf Schwierigkeiten, da die Drehzahl unstabil wurde. Um einen zuverlässigen Meßpunkt beim Stillstandsmoment zu erhalten, mußten die Versuche fünf- bis sechsmal wiederholt werden, da je nach Stellung des Turbinenrades dieser Punkt verschiedene Werte ergab. Zu Beginn und am Schluß der Versuchsmessungen wurden die Raumtemperatur, die Wassertemperatur im Wasserkanal und der Barometerstand abgelesen. Die Messungen wurden für die Nadelhübe von 5, 10, 15, 20, 25, 30, 35 und 40 mm durchgeführt. Für jeden Nadelhub wurde ein separates Meßprotokoll für alle Meßpunkte geführt. Als Beispiel für ein solches dient Tabelle 10. In diesem beträgt der Hub $s = 20$ mm. Im gleichen Protokoll sind auch die auf 1 m Gefälle reduzierten Größen eingetragen.

Die elektrische Bremsung:

Für die Durchführung der elektrischen Bremsung wurden an der *Prony*schen Bremse, um jede Berührung mit der Bremsscheibe zu vermeiden, die oberen Bremsklötze entfernt. Bei Versuchsbeginn wurde der Wasserwiderstand eingeschaltet, in welchem die vom Generator erzeugte Energie vernichtet wird. Die Wasserwiderstandsplatten befanden sich zu etwa $^7/_{10}$ im Wasser. Um die mit dem Generator gekuppelte Turbine im Beharrungszustand messen zu können, wurde sie zirka eine halbe Stunde vor Meßbeginn wieder in Betrieb gesetzt. Dann wurden die Meßinstrumente für die 2-Wattmeter-Methode eingeschaltet, hierauf wieder

der Nadelhub mit der Schublehre eingestellt und der Generator mit dem Widerstand belastet. Zur Aufnahme der Bremspläne der Turbine wurde die Belastung des Generators geändert. Dann wurden die beiden Wattmeter sowie Voltmeter und Ampèremeter abgelesen und die Leistung sowie die Stromstärke und die Spannung berechnet. Wie bei den mechanischen Bremsversuchen, wurde auch hier zu Beginn und am Schluß die Raumtemperatur, Wassertemperatur und Barometerstand gemessen. Die gleichen Messungen wurden für alle Hübe von $s = 5, 10, 15, 20, 25, 30, 35$ und 40 mm gemacht und die Ergebnisse in einem separaten Protokoll festgehalten.

Tabelle 10

Bremsplan für Nadelhub s = 20 mm

„Mechanische Bremsung"

$$H_{mano} = 80,0 \text{ m (Genauigkeit} \pm 1\%)$$

$$H_{tot} = H_{Kor} + H_{mano} + \frac{c_e^2}{2g} + z_{mano}$$

$$H_{tot} = -0,2 + H_{mano} + 0,275 + 0,795$$

$$\underline{H_{tot} = 80,97 \text{ m}}$$

Tara $= 7,5$ kg

$L = 1,43$ m

$F = (G - T)$ kg

$n_1' = \dfrac{n}{\sqrt{H_{tot}}} \cdot \dfrac{1}{60};\ \text{U s}^{-1}\,\text{m}^{-1/2}$

$P_{d_1} = \gamma \cdot Q_1 = \gamma \cdot \dfrac{Q}{\sqrt{H}} \text{ kg m}^{-1/2}\,\text{s}^{-1}$

$M_1 = \dfrac{F \cdot L}{H_{tot}}$ m

$P_{t_1} = 2 \cdot \pi \cdot n_1' \cdot M_1 \text{ kg m}^{-1/2}\,\text{s}^{-1}$

$\eta_t = \dfrac{P_{t_1}}{P_{d_1}}$

Q_1:   6,172 l m$^{-1/2}$ s^{-1} (aus Tab. 3)   Raumtemperatur $= 20,3°$ C

Datum: 11. November 1949   Wassertemperatur $= 14,4°$ C

Zeit: 9^{25} bis 11^{00} Barometerstand $= 730,8$ mm Hg

Meß-punkte	n U/min	F kg	n_1'	M_1	P_{t_1}	P_{d_1}	η_t	Meß-punkte
1	1296	2,28	2,40	0,0403	0,607	6,172	0,0984	1
2	1280	3,26	2,37	0,0578	0,860	6,172	0,1392	2
3	1265	4,25	2,343	0,0753	1,11	6,172	0,18	3
4	1244	5,65	2,305	0,0999	1,444	6,172	0,234	4
5	1208	7,6	2,235	0,1347	1,89	6,172	0,306	5
6	1153	10,6	2,14	0,1873	2,52	6,172	0,408	6
7	1079	14,5	2,0	0,2569	3,22	6,172	0,521	7
8	1006	18,5	1,861	0,3272	3,82	6,172	0,619	8
9	935	22,5	1,733	0,3976	4,32	6,172	0,70	9
10	859	26,5	1,590	0,4679	4,675	6,172	0,757	10
11	831	28,5	1,540	0,5036	4,86	6,172	0,788	11
12	788	30,4	1,460	0,5382	4,93	6,172	0,798	12
13	755	32,4	1,40	0,5730	5,04	6,172	0,815	13
14	700	34,3	1,298	0,6075	4,95	6,172	0,802	14
15	630	37,4	1,167	0,6609	4,85	6,172	0,785	15
16	541	40,2	1,00	0,7111	4,46	6,172	0,723	16
17	435	43,2	0,806	0,7643	3,86	6,172	0,625	17
18	311	46,1	0,577	0,8162	2,96	6,172	0,48	18
19	193,5	49,0	0,358	0,8682	1,95	6,172	0,316	19
20	100,6	51,9	0,197	0,9197	1,138	6,172	0,184	20
21	0	55	0	0,9732	0	6,172	0	21

Bestimmung der Betriebsgefälle für die Durchführung der weiteren Bremsversuche:

Die Versuchsturbine hat ein Nenngefälle von 80 m. Die Bremsversuche im Triebgebiet wurden vorerst mit diesem Gefälle durchgeführt. Um die so erhaltenen Bremspläne auch auf die Gebiete $u < 0$ und $u > u_{max}$ zu erweitern, sollten die Bremsversuche in diesen Gebieten bei gleichem Gefälle vorgenommen werden. Dies ist jedoch nicht möglich, da der mit der Versuchsturbine gekuppelte Generator, den wir als Motor benützen müssen, leistungsmäßig nicht groß genug ist, die Turbine gegen die Strahlkraft (im $u < 0$-Gebiet) bei 80 m Gefälle anzutreiben.

Die Durchgangsdrehzahl der Turbine bei 80 m Gefälle ist zirka 1350 U/min. Die Antriebsversuche im Gebiet $u > u_{max}$ konnten deshalb nicht mit einem Gefälle von 80 m vorgenommen werden, da die Drehzahl zu groß geworden wäre.

Um mit der vorhandenen Versuchseinrichtung die Bremspläne für alle drei Gebiete bei gleichem Gefälle und mit der gleichen Methode durchführen zu können, mußte deshalb ein Gefälle kleiner als 80 m gewählt werden.

Die Gefälle, mit denen die Messungen durchgeführt wurden, bestimmte man so, daß die Leistungen $^1/_4$ bzw. $^1/_{16}$ derjenigen betragen, welche sich bei einem Gefälle von 80 m ergeben würde. Da $P \sim H^{3/2}$ ist, errechnen sich die Gefälle zu:

$$\sqrt[3/2]{\frac{80^{3/2}}{4}} = 31,75 \text{ m}$$

und

$$\sqrt[3/2]{\frac{80^{3/2}}{16}} = 12,6 \text{ m}$$

Die Versuchsdurchführung bei einem Betriebsgefälle von 31,6 m und 12,6 m:

Befestigung des Rades normal (s. Tafel II a).

Die Turbine wurde für die Hübe $s = 5, 10, 15, 20, 25, 30, 35$ und 40 mm elektrisch gebremst.

Im Triebgebiet erfolgt die Bremsung genau gleich wie vorher auf Seite 76 unter elektrischer Bremsung der Versuchsturbine bei $H_n = 80$ m beschrieben.

$u > u_{max}$-Gebiet:

Für die Versuche in diesem Gebiet wurde zuerst die Serie-Parallel-Pumpe SPP (s. Bild 12) in Betrieb gebracht. Diese förderte das Wasser zur *Francis*-Turbine FT, um diese anzutreiben. Der mit der *Francis*-Turbine gekuppelte Generator G_2 erzeugte Strom und speiste damit den als Motor arbeitenden Generator G_2. Dieser Motor treibt die Versuchsturbine an. Die beiden Gruppen (*Francis*-Turbine gekuppelt mit Generator G_2 und Versuchsturbine gekuppelt mit Generator G_1) wurden auf die gleiche Art, wie auf Seite 61 beschrieben, parallelgeschaltet. Hierauf setzte man die Hochdruckpumpe HP in Betrieb, welche das Wasser zur Turbinendüse förderte, das dann auf die sich schon drehenden Schaufelrückseiten fällt und so die Turbine bremst. Dann stellte man den Turbinennadelhub an der Düse auf einen bestimmten Wert ein, ebenso das Betriebsgefälle. Die gesamte Versuchsanlage wurde dann zirka $^1/_2$ Stunde laufen gelassen, um Beharrungszustand zu erreichen. Erst dann begann man mit den Messungen. Zur Aufnahme des Bremsplanes änderte man die Drehzahl der Turbine durch Handregulierung des Leitapparates der *Francis*-Turbine sowie mittels Drosselung der Serie-Parallel-Pumpe. Die Drehzahl der Versuchsturbine wurde mit dem *Hasler*-Tourenzähler, die vom Motor (G_1) aufgenommene Leistung in Watt, mit 2-Wattmeter, die Spannung am Voltmeter und der Strom am Ampèremeter bestimmt. Ferner wurden Raumtemperatur, Wassertemperatur und Barometerstand gemessen. Die bei diesen Versuchen mittels Behältermessung ermittelten Wassermengen wurden mit den schon durchgeführten Messungen, welche in Abschnitt „Wassermengenmessungen", Tabelle 4, Bild 20, beschrieben wurden, kontrolliert.

$u < 0$-Gebiet:

Der als Motor arbeitende Generator G_1 wurde umgepolt. Die Bremsversuche wurden im übrigen wie im $u > u_{max}$-Gebiet durchgeführt.

Befestigung des Rades abnormal (s. Tafel II b).

Der Turbinendeckel wurde geöffnet, das Laufrad herausgenommen und so montiert, daß die Rückseite der Schaufel gegen den Wasserstrahl aus der Düse stand. Die Bremsversuche wurden wiederum zuerst im Triebgebiet und dann im Bremsgebiet bei folgenden Gefällen

$$H_{tot} \simeq 80, \; 31,6 \; \text{und} \; 12,6 \; \text{m}$$

und den jeweiligen Nadelhüben

$$s = 5, \; 15, \; 25 \; \text{und} \; 35 \; \text{mm}$$

durchgeführt.

Die Darstellung der Bremspläne:

Nenngefälle $H_n = 80$ m (mechanische Bremsung):

Bild 36 zeigt die Bremskurven für ein konstantes Nenngefälle $H_n = 80$ m und einen bestimmten Nadelhub s. Da die Bremsversuche bei acht verschiedenen Nadelhüben durchgeführt wurden, ergeben sich hierfür acht Bremspläne.

Es wurden die folgenden Größen, umgerechnet auf 1 m Gefälle für jeden Nadelhub, aufgetragen:

$$Q_1 = \frac{Q}{\sqrt{H}} = \text{Wassermenge pro 1 m Gefälle in } 1\,\text{m}^{-1/2}\,\text{s}^{-1},$$

$$P_{t_1} = \frac{P_1}{H \cdot \sqrt{H}} = \text{totale Leistung pro 1 m Gefälle in } \text{kg m}^{-1/2}\,\text{s}^{-1},$$

$$M_1 = \frac{M}{H} = \text{Umfangskraft pro 1 m Gefälle in kg,}$$

$$\eta_t = \text{totaler Wirkungsgrad,}$$

in Funktion von:

$$n_1' = \frac{n}{\sqrt{H}} \cdot \frac{1}{60} = \text{Drehzahl pro 1 m Gefälle in U s}^{-1}\,\text{m}^{-1/2}\; (n =$$
$$= \text{Drehzahl in U/min}).$$

Die obigen Größen sind auch in Bild 22 aufgetragen. Dort sehen wir den Vergleich zwischen P_{d_1}, P_{p_1}, P_{H_1} und P_{t_1}, sowie η_p, η_H und η_t.

Tabelle 11. *Bremspläne*

Punkt	n U/min	α_1	α_2	$\alpha_1+\alpha_2$	c_w	P ab Gen. kW	β Skt.	Amp. (1 Skt. = = 0,7 A)
		Wattmeter					Strom	
1. Elektrische Bremsung								
1	475	34	34	68	0,35	23,8	50,5	35,3
2	445	32,2	31,2	63,4	0,35	22,2	49	34,3
3	415	28,8	29,2	58	0,35	20,3	49	34,3
4	385	26	26	52	0,35	18,2	47,5	33,3
5	330	22,5	22	44,5	0,35	15,6	47,5	33,3
6	300	20	19	39	0,35	13,65	47,5	31,9
7	310	20	19,5	39,5	0,35	13,82	45,5	31,9
8	230	14,8	14,2	29	0,35	10,3	45	31,5
9	230	14,2	13,6	27,8	0,35	9,74	45	31,5
10	195	12	11	23	0,35	8,05	44,5	31,15
								(1 Skt. = = 0,35 A)
2. Elektrische Bremsung								
1	1086	17	16	33	0,35	11,55	19	6,65
2	1062	15,8	14,8	30,6	0,35	10,70	17,5	6,13
3	1021	13	12,8	25,8	0,35	9,03	15	5,25
4	981	10,6	10,6	21,2	0,35	7,42	12,5	4,37
5	945	9,0	9,1	18,1	0,35	6,34	11	3,85
6	910	7,9	7,9	15,8	0,35	5,53	9,5	3,33
7	865	6,8	6,8	13,6	0,35	4,76	8	2,80
8	826	5	5	10	0,35	3,50	6	2,10
9	805	3,6	3,6	7,2	0,35	2,52	4,5	1,575
10	795	2,5	2,5	5	0,35	1,75	2,5	· 0,875
								(1 Skt. = = 0,35 A)
3. Elektrische Bremsung								
1	786	1,6	1,6	3,2	0,35	1,12	16	5,6
2	729	5	5	10	0,35	3,5	29	10,16
3	671	7,7	7,7	15,4	0,35	3,39	37	12,94
4	608	9,5	9,5	19	0,35	6,65	40,6	14,2
5	550	10,9	10,9	21,8	0,35	7,63	44	15,4
6	500	11,5	11,5	23	0,35	8,05	45,7	16,0
7	441	11,7	11,7	23,4	0,35	8,19	46	16,1
8	388	11,2	11,2	22,4	0,35	7,84	44,5	15,58
9	325	10	10	20	0,35	7,0	42	14,70
10	281	8,8	8,8	17,6	0,35	6,16	38,5	13,48
11	267	8,2	8,2	16,4	0,35	5,74	37	12,95

Angaben:

1. Elektrische Bremsung $u < 0$-Gebiet; $H_{tot} \simeq 31,6$ m; Datum: 22. 2. 1950; Zeit: 8^{30} bis 11^{45}; Raumtemp.: 22° C; Wassertemp.: 19,8° C; Barometerstand: 728 mm Hg

2. Elektrische Bremsung $u > n_{max}$-Gebiet; $H_{tot} \simeq 31,6$ m; Datum: 13. 3. 1950; Zeit: 8^{15} bis 10^{30}; Raumtemp.: 19,7° C; Wassertemp.: 17° C; Barometerstand: 721,8 mm Hg

3. Elektrische Bremsung Triebgebiet; $H_{tot} \simeq 31,6$ m; Datum: 20. 3. 1950; Zeit: 15^{10} bis 16^{15}; Raumtemp.: 23,4° C; Wassertemp.: 18° C; Barometerstand: 724,5 mm Hg

Punkt	n U/min	F kg	n_1' U s⁻ · ·m⁻¹ᐟ²	M_1 kg	P_{t_1} kg m⁻¹ᐟ² · · s⁻¹	P_{d_1} kg m⁻¹ᐟ² · · s⁻¹	$\eta_t\%$
4. Mechanische Bremsung							
1	761	1,9	2,26	0,104	1,475	6,264	23,55
2	718	3,5	2,13	0,1754	2,36	6,264	37,7
3	675	5,5	2,0	0,2651	3,33	6,264	53,1
4	609	7,5	1,81	0,3541	4,02	6,264	64,1
5	552	9,5	1,638	0,44335	4,58	6,264	73,1
6	491	11,5	1,46	0,53202	4,88	6,264	77,9
7	420	13,5	1,248	0,62158	4,88	6,264	77,9
8	340	15,5	1,009	0,71086	4,50	6,264	71,9
9	268	16,9	0,795	0,77228	3,85	6,264	61,5
10	189	18,1	0,561	0,8257	2,91	6,264	46,5
11	108	19,5	0,32	0,88684	1,785	6,264	28,5
12	83	20,1	0,246	0,91396	1,414	6,264	22,6
13	64	20,5	0,19	0,93174	1,1	6,264	17,56
14	40	21,1	0,1138	0,95848	0,714	6,264	11,4
15	0	22,7	0	1,03	0	6,264	0

4. Mechanische Bremsung Triebgebiet; $H_{tot} \simeq 31,6$ m; Datum: 24. 3. 1950; Zeit: 9^{45} bis 10^{50}; Raumtemp.: 21,2° C; Wassertemp.: 17,9° C; Barometerstand: 724,8 mm Hg; $T = \text{Tara} = 7,5$ kg; $L = 1,43$ m; $F = (G - T)$ kg

für Nadelhub $s = 20\,mm$

Spannung		Verluste in kW				P_{Turb}	$P_{\text{Turb.}}$	H_{mano}	n_1'	P_{t_1}	M_1	Punkt
γ Skt.	Volt (1 Skt. = 5V)	P_{Cu}	P_{Fe}	P_{R+V}	P_{verl} total	kW	PS	m	U s^{-1} · · m$^{-1/2}$	kg m$^{-1/2}$· · s^{-1}	kg	
77,5	387,5	0,57	0,87	0,18	1,62	22,18	30,18	30,8	1,425	13,22	1,476	1
73,8	369,0	0,54	0,86	0,16	1,56	20,64	28,10	30,8	1,336	12,32	1,466	2
67,5	337,5	0,53	0,72	0,14	1,39	18,91	25,75	30,8	1,244	11,30	1,443	3
62,7	313,5	0,52	0,66	0,12	1,30	16,90	23,00	30,6	1,158	10,20	1,400	4
53,5	267,5	0,51	0,56	0,09	1,16	14,44	19,67	31,4	0,984	8,37	1,357	5
49,0	245,0	0,48	0,51	0,08	1,07	12,58	17,10	30,7	0,900	7,55	1,330	6
49,5	247,5	0,48	0,36	0,08	0,92	12,90	17,55	30,5	0,935	7,80	1,325	7
36	180	0,47	0,32	0,05	0,84	9,46	13,10	31,1	0,686	5,67	1,312	8
36,5	182,5	0,47	0,33	0,05	0,85	8,89	12,10	30,8	0,692	5,30	1,22	9
30	150	0,46	0,24	0,04	0,74	7,29	9,91	30,9	0,585	4,32	1,178	10
(1 Skt. = = 10 V)												
97	970	0,12	2,66	0,90	3,68	7,87	10,70	30,8	3,22	4,53	0,224	1
95	950	0,10	2,60	0,86	3,56	7,14	9,71	30,8	3,15	4,10	0,207	2
92	920	0,08	2,52	0,80	3,40	5,63	7,65	30,8	3,035	3,23	0,170	3
88	880	0,06	2,43	0,74	3,23	4,19	5,70	30,8	2,91	2,41	0,132	4
85	850	0,05	2,40	0,68	3,13	3,21	4,36	30,8	2,80	1,85	0,105	5
82	820	0,05	2,34	0,63	3,02	2,51	3,42	30,8	2,70	1,45	0,0854	6
78	780	0,04	2,32	0,57	2,93	1,73	2,35	30,8	2,565	0,994	0,0616	7
74	740	0,03	2,34	0,52	2,89	0,61	0,83	30,8	2,45	0,351	0,0228	8
72,5	725	0,02	2,40	0,49	2,91	−0,39	−0,53	30,8	2,387	−0,224	−0,0149	9
71	710	0,01	2,30	0,48	2,79	−1,04	−1,415	30,8	2,36	−0,598	−0,0404	10
(1 Skt. = = 5 V)												
24,5	122,5	0,05	0,05	0,47	0,57	1,69	2,3	30,8	2,33	0,971	0,0663	1
40	200	0,13	0,11	0,40	0,64	4,14	5,64	30,8	2,16	2,38	0,1755	2
50	250	0,16	0,18	0,35	0,69	6,08	8,27	30,8	1,99	3,12	0,25	3
53	265	0,18	0,23	0,29	0,70	7,35	10,0	30,8	1,8	4,22	0,374	4
56,4	282	0,20	0,29	0,24	0,73	8,36	11,38	30,8	1,63	4,81	0,47	5
58	290	0,21	0,35	0,20	0,76	8,81	12,0	30,8	1,482	5,07	0,544	6
58	290	0,20	0,42	0,16	0,78	8,97	12,2	30,8	1,31	5,16	0,623	7
57	285	0,18	0,50	0,12	0,80	8,64	11,76	30,8	1,15	4,97	0,689	8
55	275	0,16	0,64	0,09	0,89	7,89	10,87	30,8	0,964	4,59	0,757	9
52	260	0,15	0,76	0,07	0,98	7,18	9,76	30,8	0,833	4,13	0,79	10
50,5	252,5	0,13	0,80	0,06	0,99	6,73	9,15	30,8	0,791	3,86	0,777	11

Zusammenstellung der durchgeführten Versuche

Betriebsgefälle H_{tot} in m	Radbefestigung	Nadelhübe s in mm	Gemessene Gebiete
80	Normal →D	5, 10, 15, 20 25, 30, 35 und 40	Triebgebiet
31,6	,,	5, 10, 15, 20 25 und 30	alle drei Gebiete
31,6	,,	35 und 40	Trieb- und $u > u_{\text{max}}$-Gebiet
12,6	,,	5, 10, 15, 20 25, 30, 35 und 40	alle drei Gebiete
80	Abnormal →(]	5, 15, 25 und 35	,,
31,6	,,	5, 15, 25 und 35	,,
12,6	,,	5, 15, 25 und 35	,,

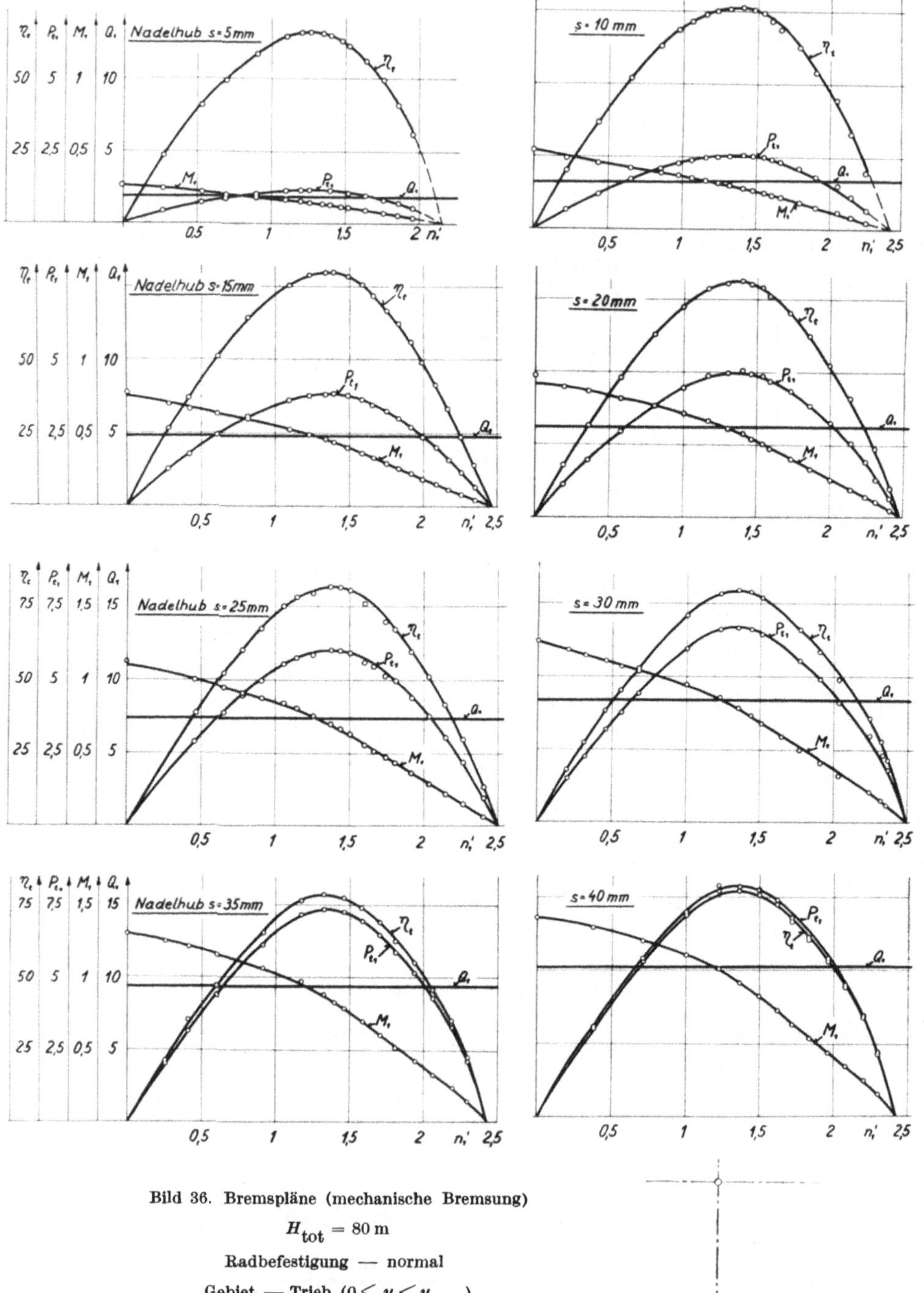

Bild 36. Bremspläne (mechanische Bremsung)

$H_{tot} = 80\,\mathrm{m}$

Radbefestigung — normal

Gebiet — Trieb $(0 < u < u_{max})$

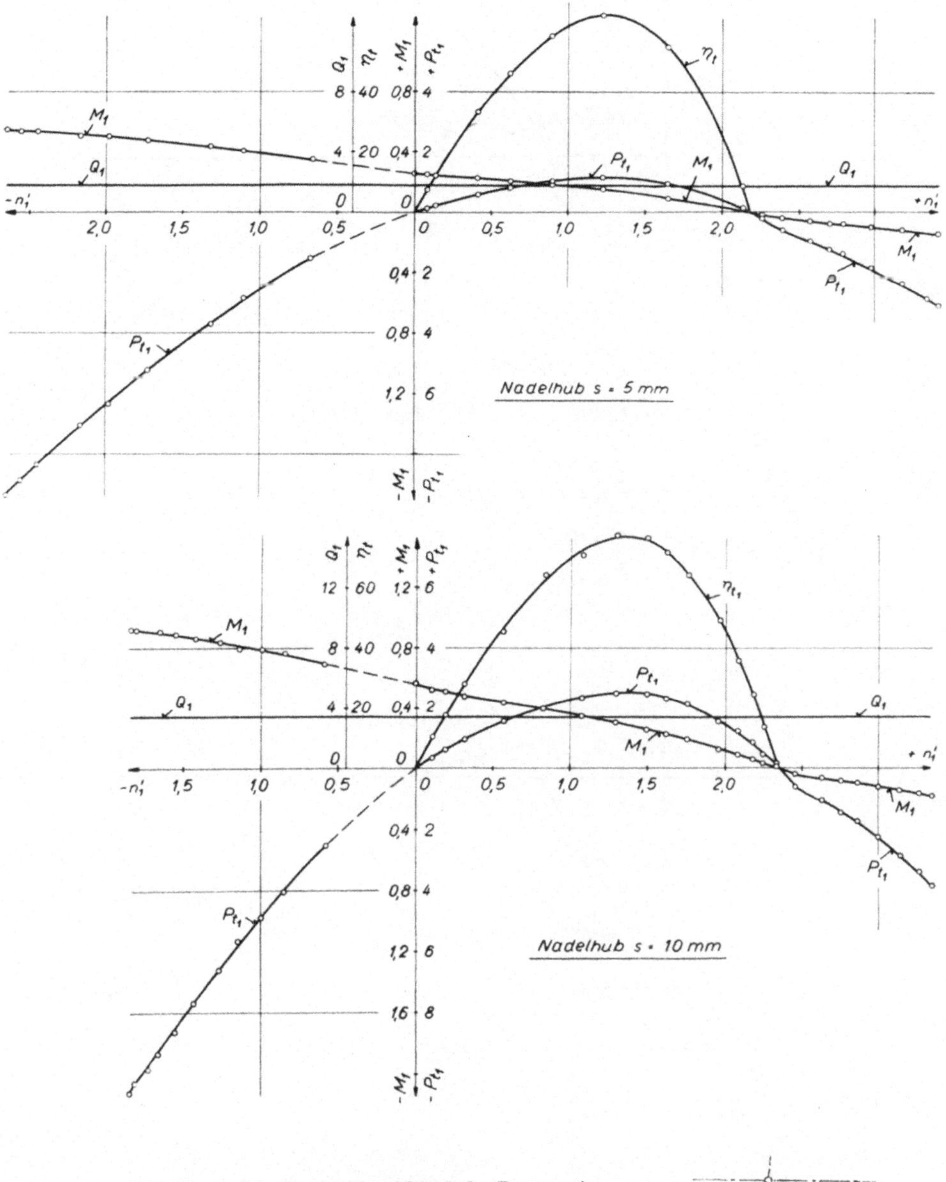

Bild 37 a und b. Bremspläne (elektrische Bremsung)

$$H_{\text{tot}} = 31,6 \text{ m}$$

Radbefestigung — normal

Gebiete — alle drei

(Triebgebiet $0 < u < u_{\text{max}}$ sowie Bremsgebiete $u < 0$ und $u > u_{\text{max}}$)

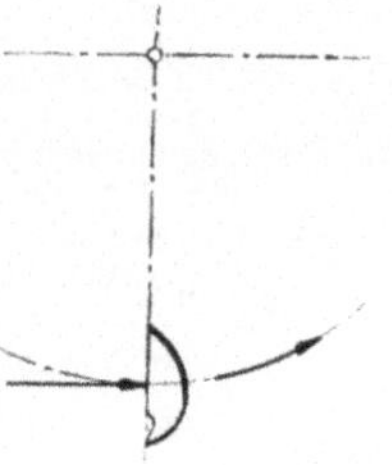

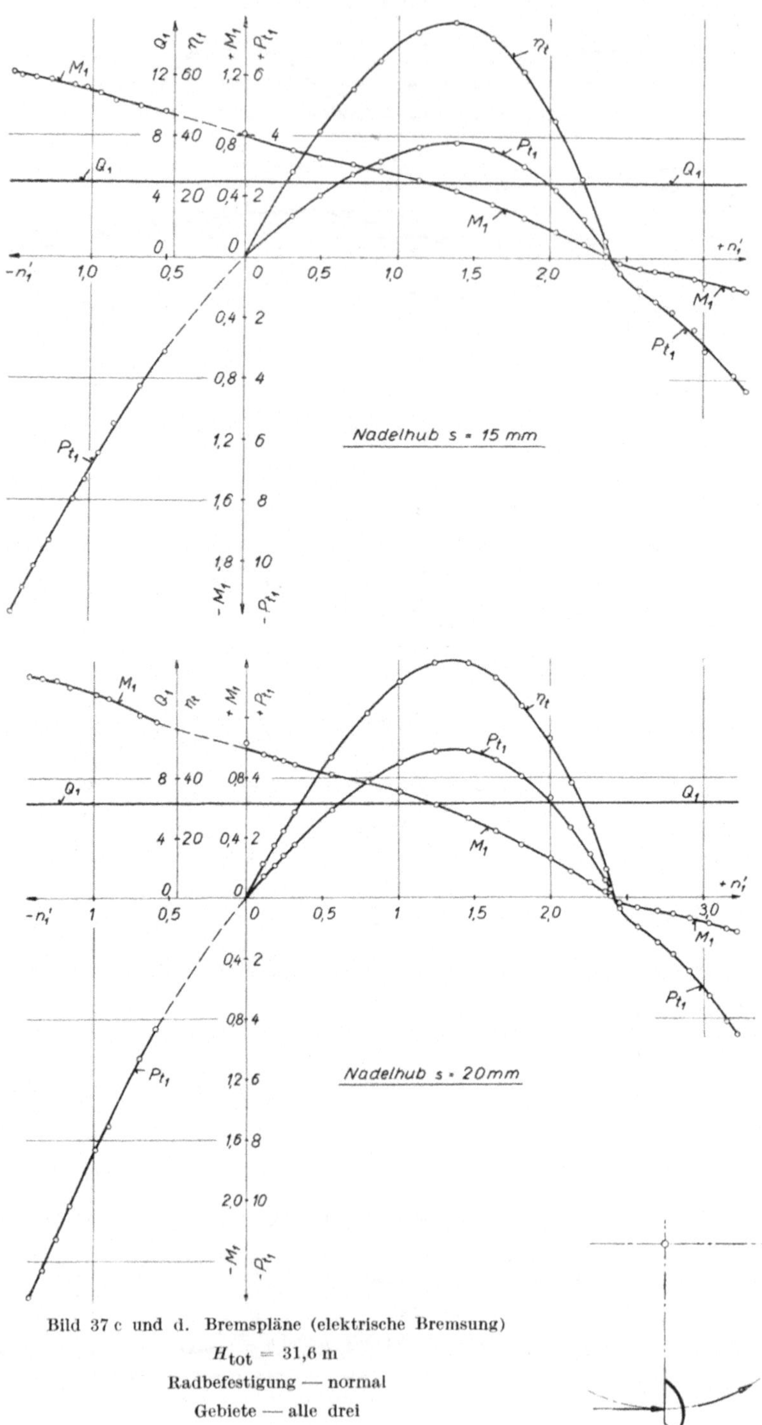

Bild 37 c und d. Bremspläne (elektrische Bremsung)

$$H_{\text{tot}} = 31{,}6 \text{ m}$$

Radbefestigung — normal

Gebiete — alle drei

(Triebgebiet $0 < u < u_{\text{max}}$ sowie Bremsgebiete $u < 0$ und $u > u_{\text{max}}$)

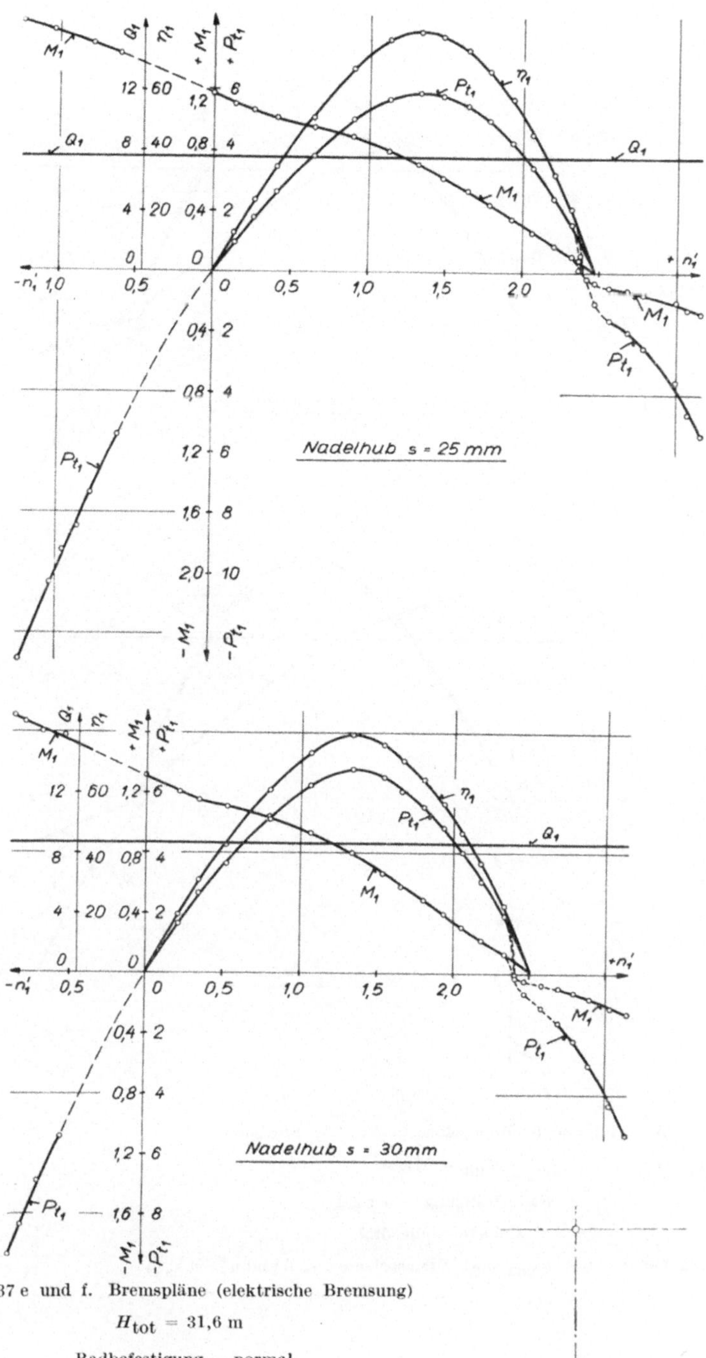

Bild 37 e und f. Bremspläne (elektrische Bremsung)

$H_{\text{tot}} = 31{,}6$ m

Radbefestigung — normal

Gebiete — alle drei

(Triebgebiet $0 < u < u_{\max}$ sowie Bremsgebiete $u < 0$ und $u > u_{\max}$)

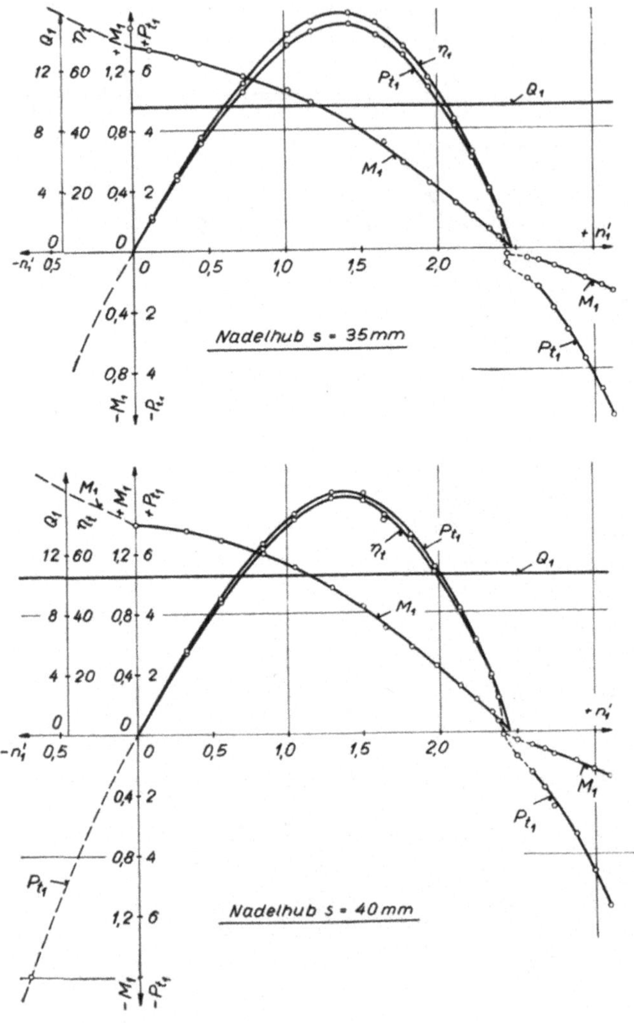

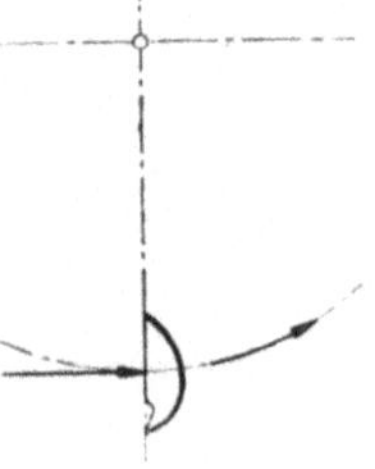

Bild 37 g und h. Bremspläne (elektrische Bremsung)

$H_{tot} = 31,6$ m

Radbefestigung — normal

Gebiete — alle drei

(Triebgebiet $0 < u < u_{max}$ sowie Bremsgebiete $u < 0$ und $u > u_{max}$)

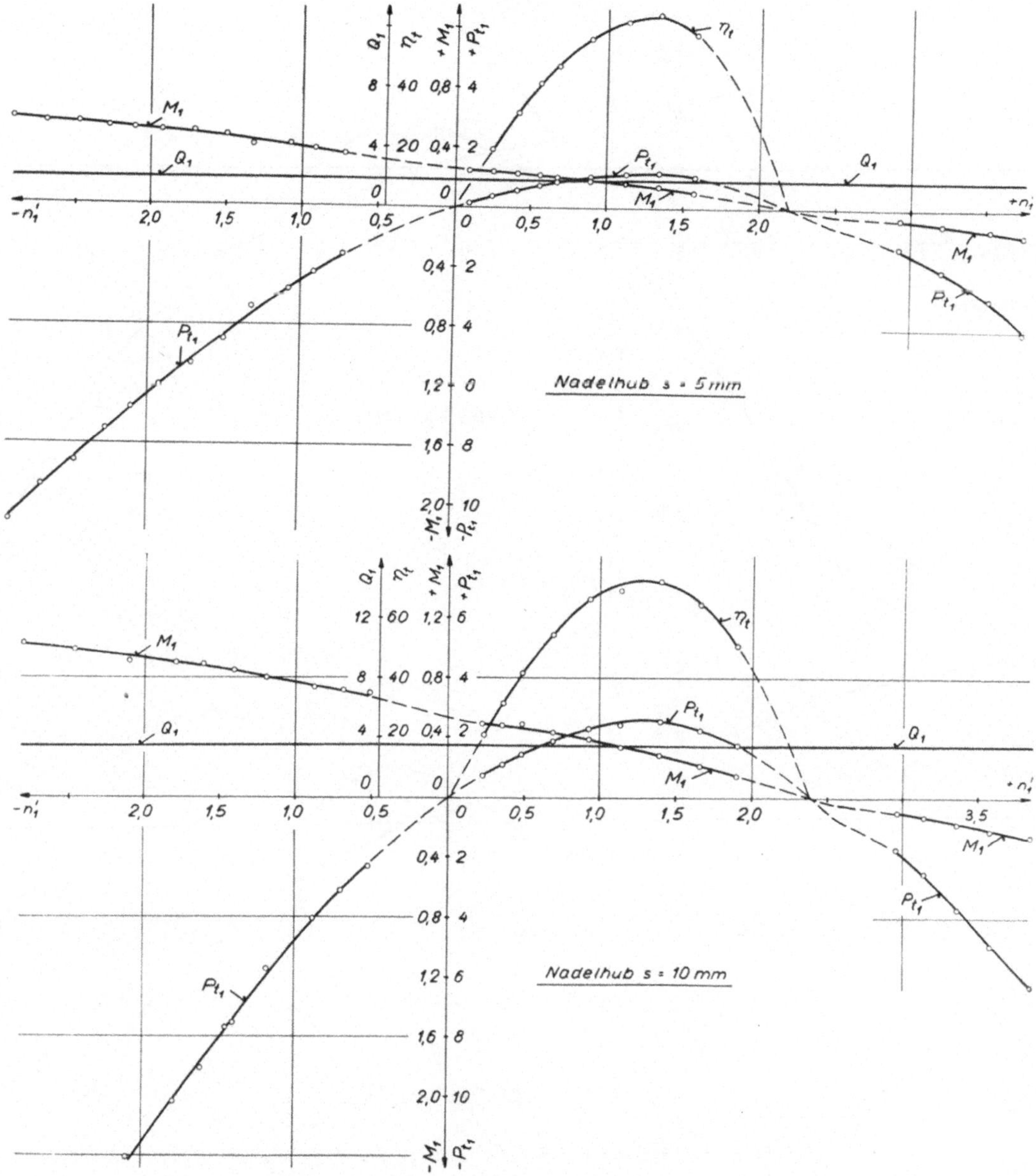

Bild 38 a und b. Bremspläne (elektrische Bremsung)

$H_{\text{tot}} = 12,6$ m

Radbefestigung — normal

Gebiete — alle drei

(Triebgebiet $0 < u < u_{\text{max}}$ sowie Bremsgebiete $u < 0$ und $u > u_{\text{max}}$)

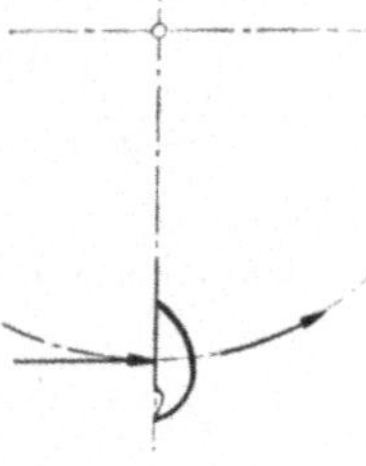

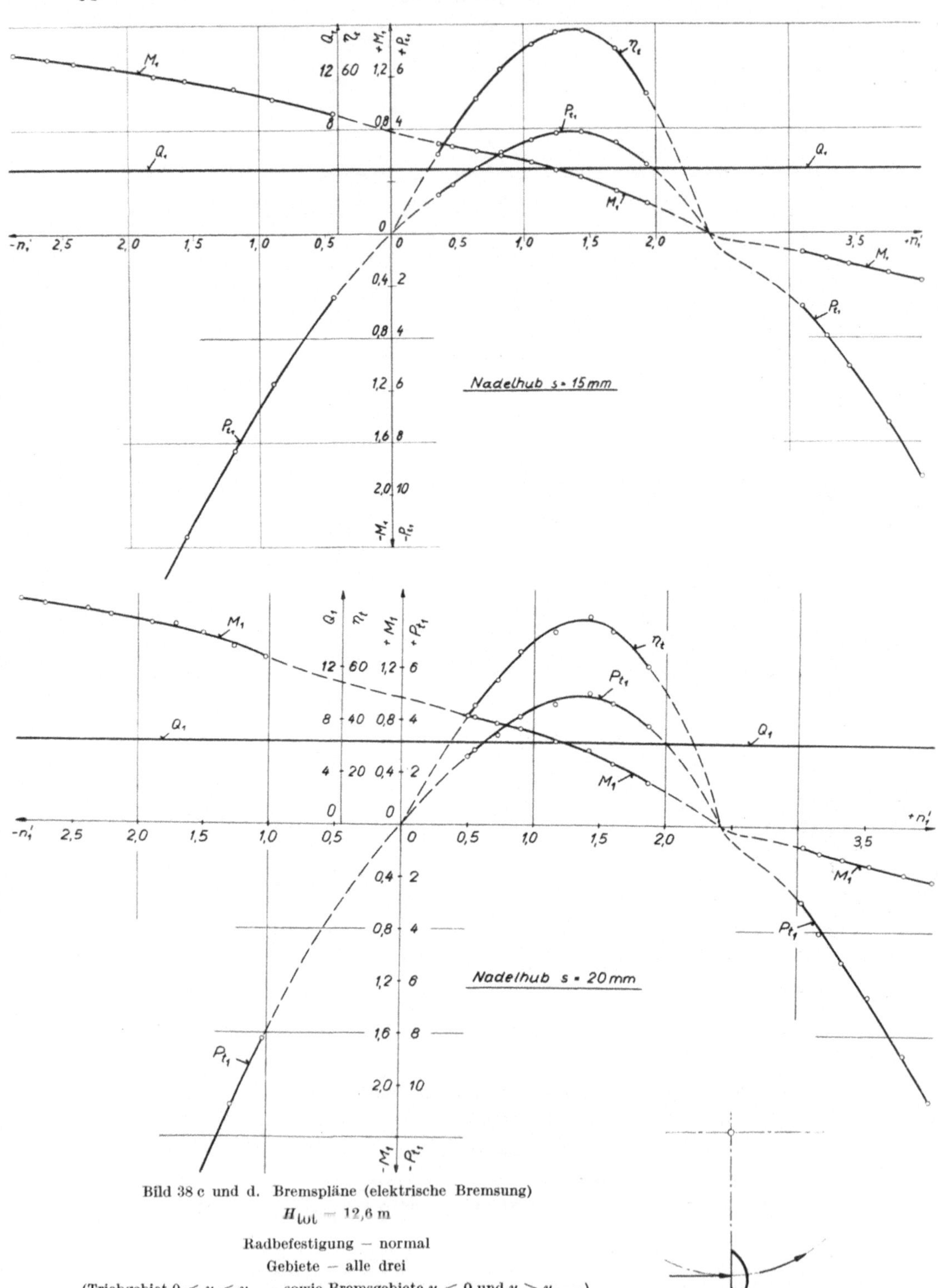

Bild 38 c und d. Bremspläne (elektrische Bremsung)

$H_{tot} = 12{,}6$ m

Radbefestigung — normal

Gebiete — alle drei

(Triebgebiet $0 < u < u_{max}$ sowie Bremsgebiete $u < 0$ und $u > u_{max}$)

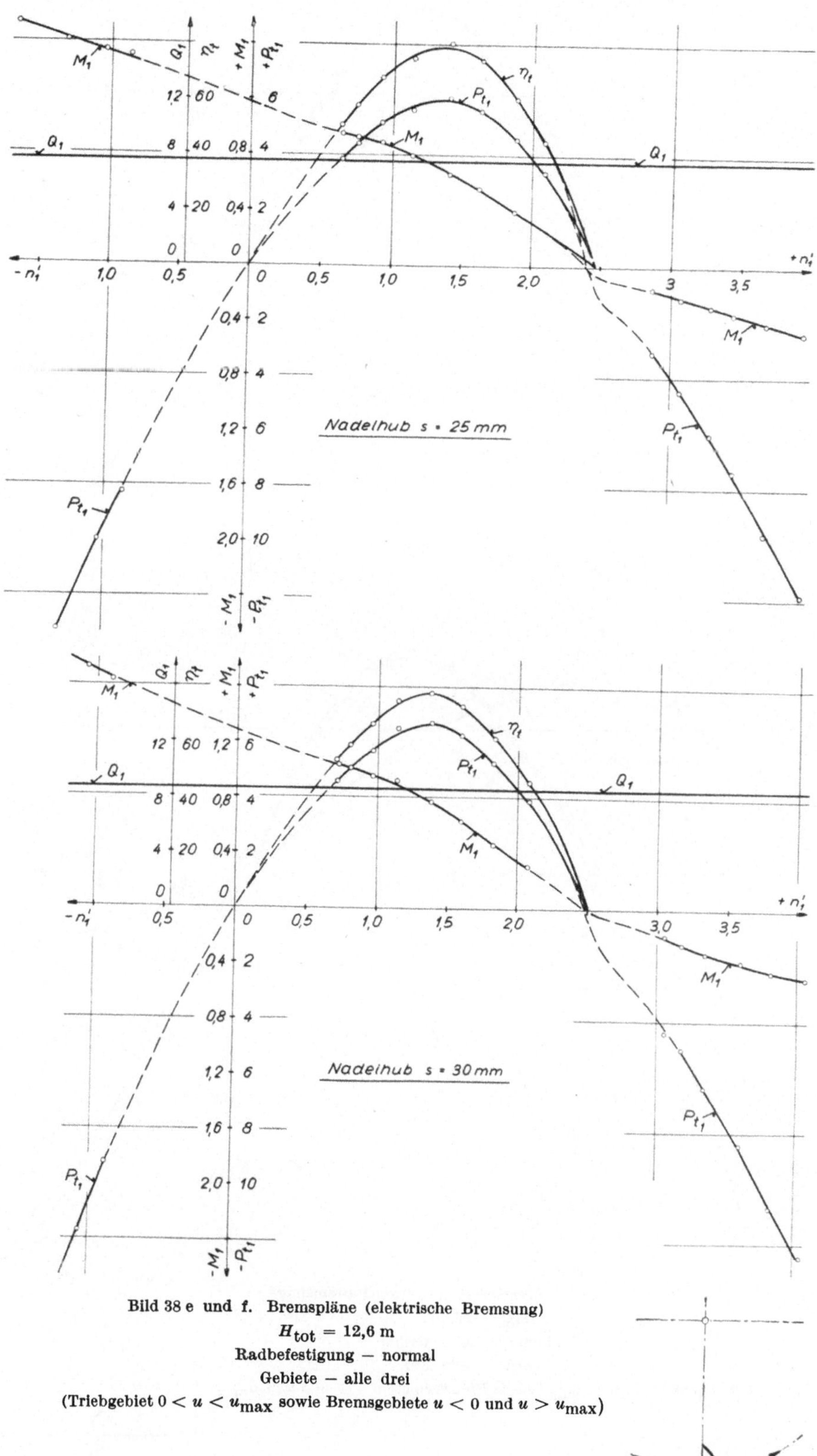

Bild 38 e und f. Bremspläne (elektrische Bremsung)

$H_{tot} = 12{,}6$ m

Radbefestigung — normal

Gebiete — alle drei

(Triebgebiet $0 < u < u_{max}$ sowie Bremsgebiete $u < 0$ und $u > u_{max}$)

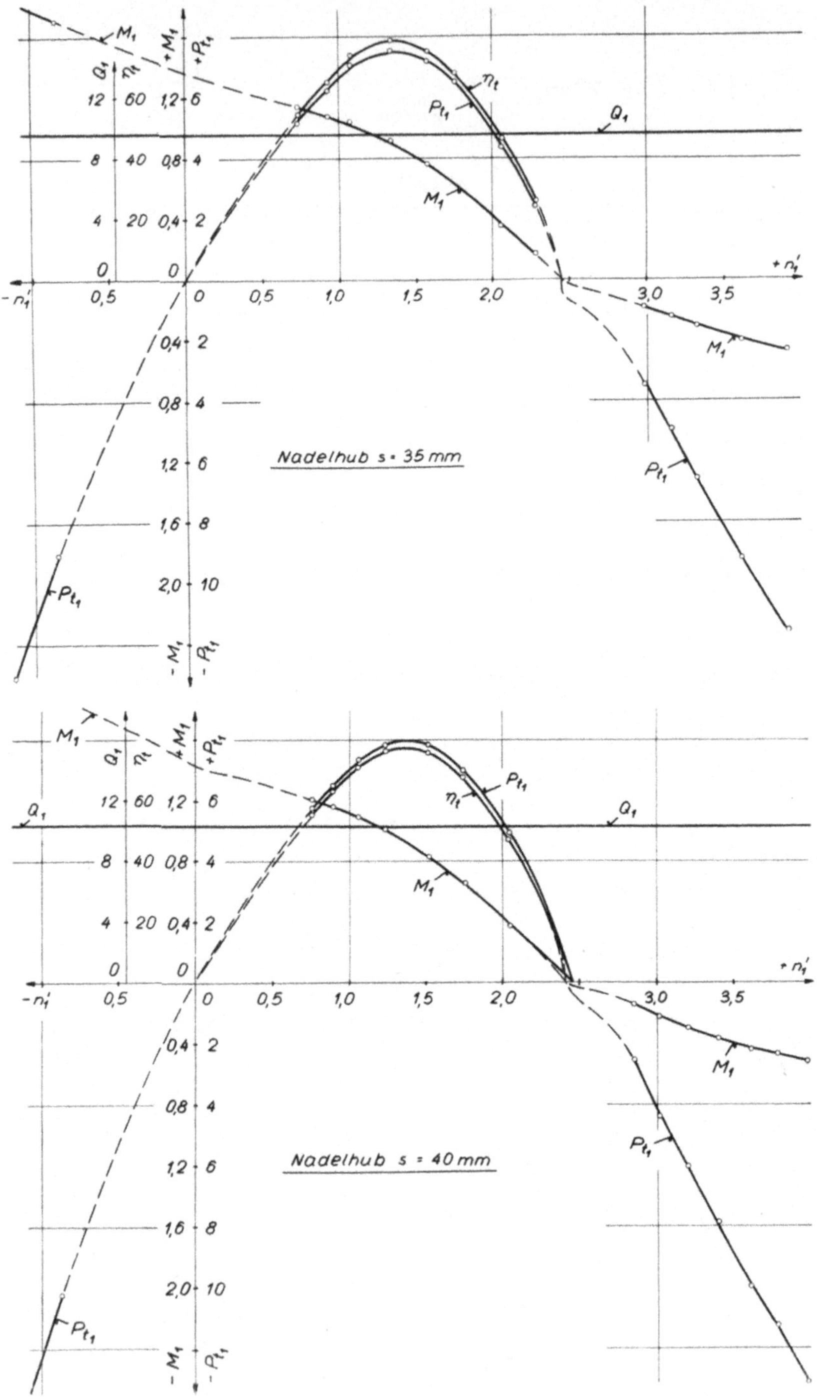

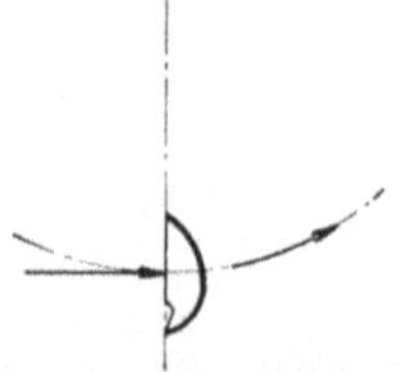

Bild 38 g und h. Bremspläne (elektrische Bremsung)
$H_{tot} = 12{,}6$ m
Radbefestigung — normal
Gebiete — alle drei
(Triebgebiet $0 < u < u_{max}$ sowie Bremsgebiete $u < 0$ und $u > u_{max}$)

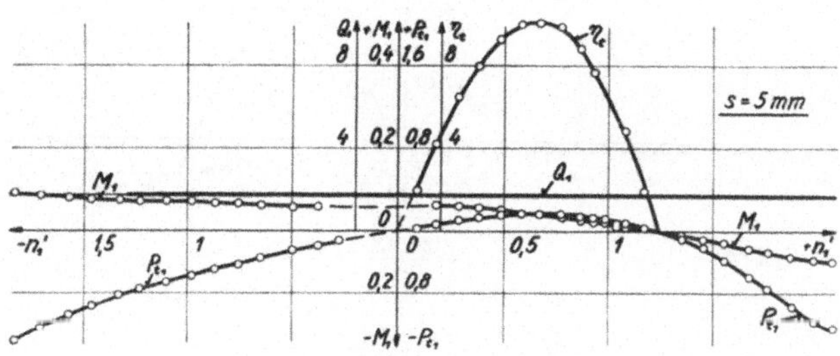

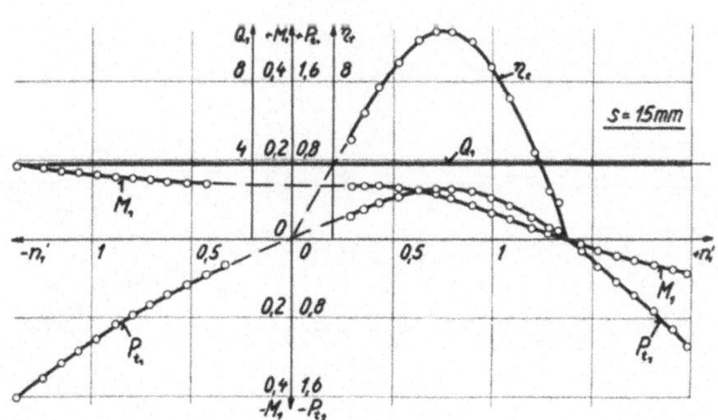

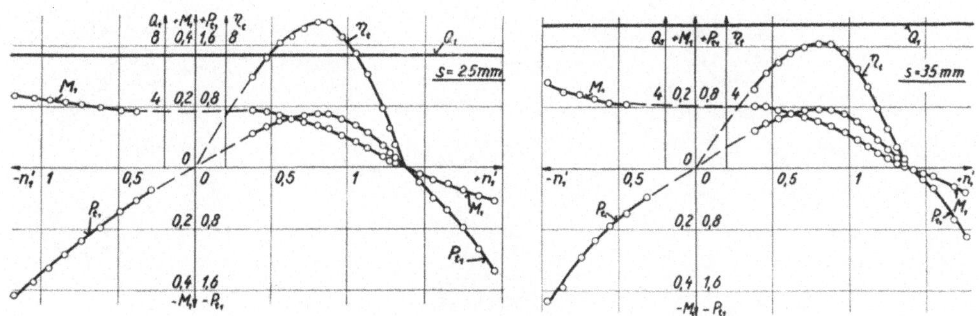

Bild 39. Bremspläne (elektrische Bremsung)

$H_{tot} = 80$ m

Radbefestigung — abnormal

Gebiete — alle drei

(Triebgebiet $0 < u < u_{max}$ sowie Bremsgebiete $u < 0$ und $u > u_{max}$)

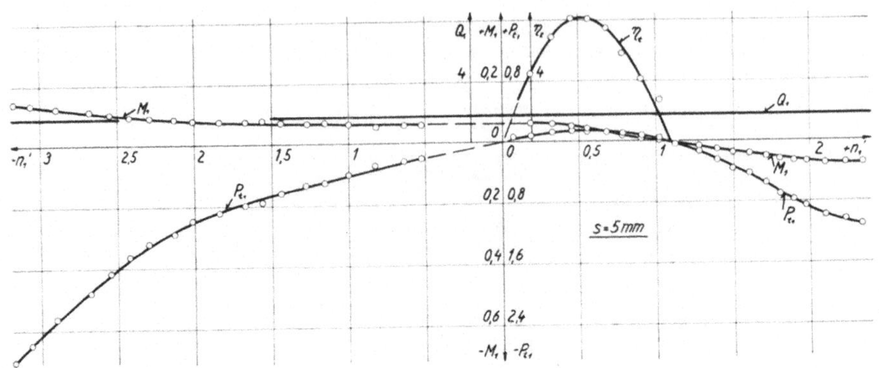

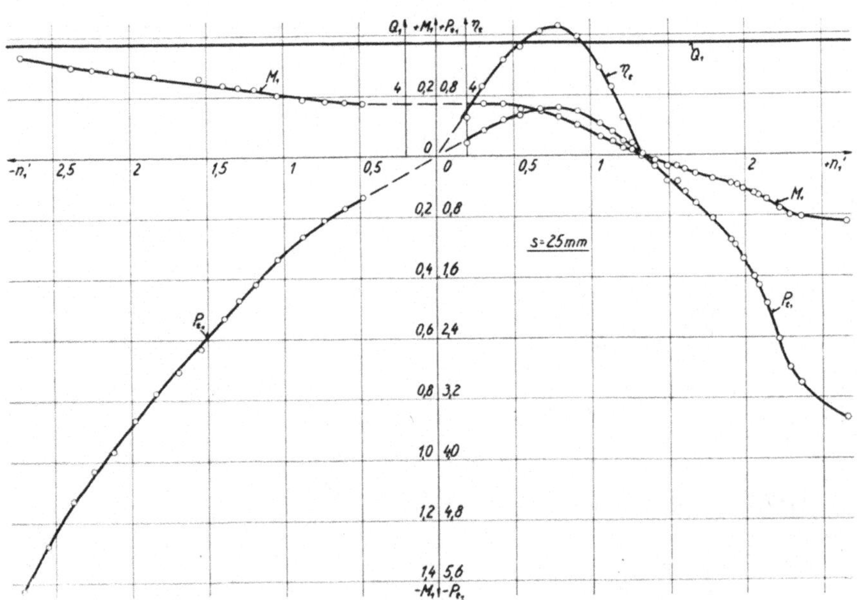

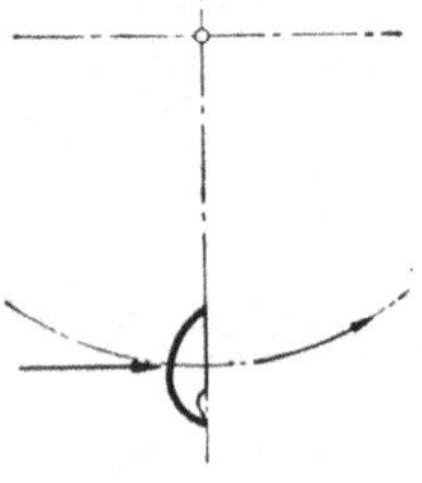

Bild 40. Bremspläne (elektrische Bremsung)

$H_{\text{tot}} = 31,6$ m

Radbefestigung — abnormal

Gebiete — alle drei

(Triebgebiet $0 < u < u_{\text{max}}$ sowie Bremsgebiete $u < 0$ und $u > u_{\text{max}}$)

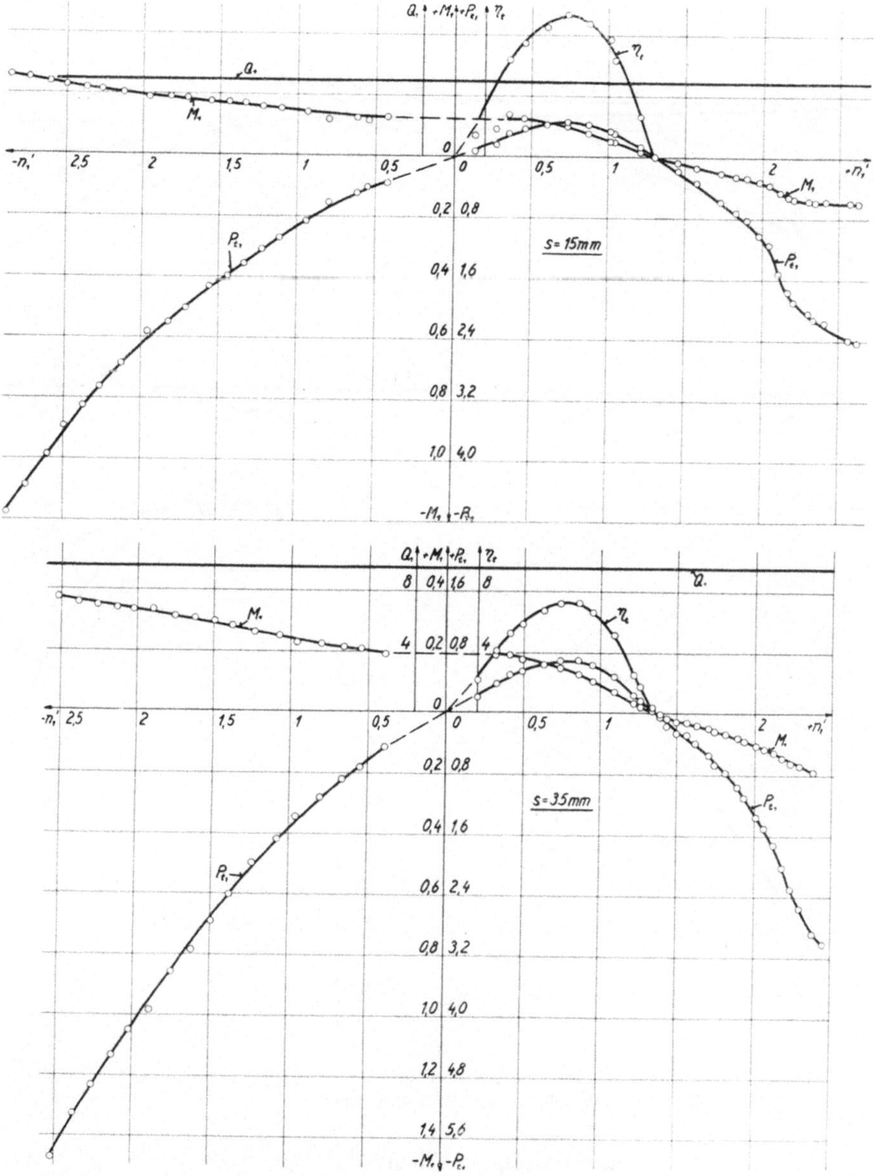

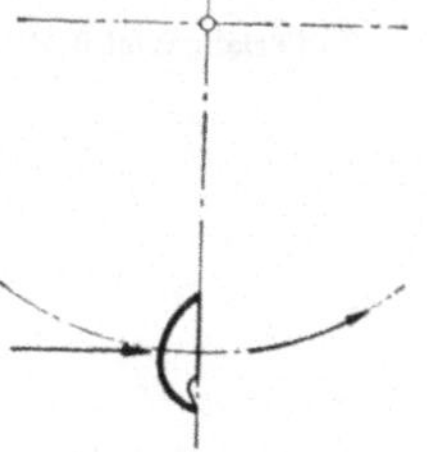

Bild 40. Bremspläne (elektrische Bremsung)

$H_{\text{tot}} = 31,6$ m

Radbefestigung — abnormal

Gebiete — alle drei

(Triebgebiet $0 < u < u_{\text{max}}$ sowie Bremsgebiete $u < 0$ und $u > u_{\text{max}}$)

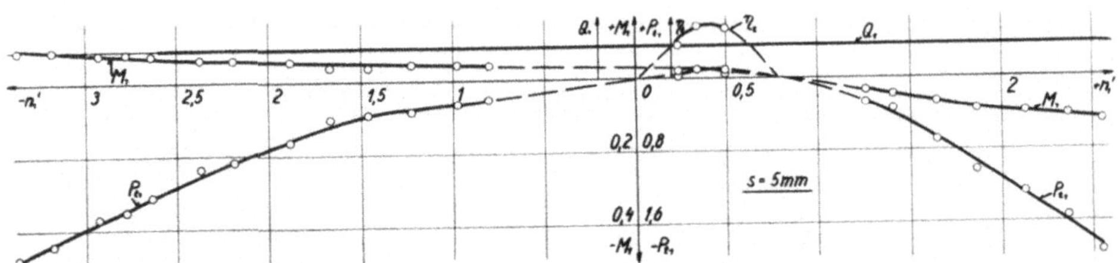

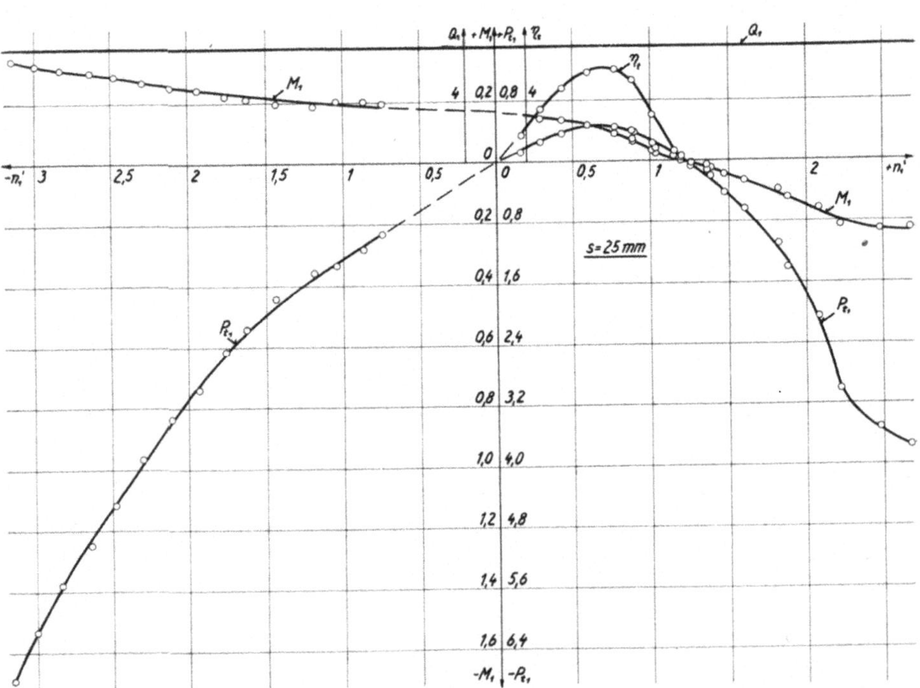

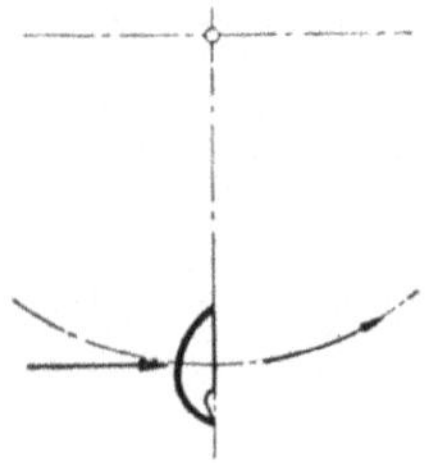

Bild 41. Bremspläne (elektrische Bremsung)

$H_{\text{tot}} = 12,6$ m

Radbefestigung — abnormal

Gebiete — alle drei

(Triebgebiet $0 < u < u_{\max}$ sowie Bremsgebiete $u < 0$ und $u > u_{\max}$)

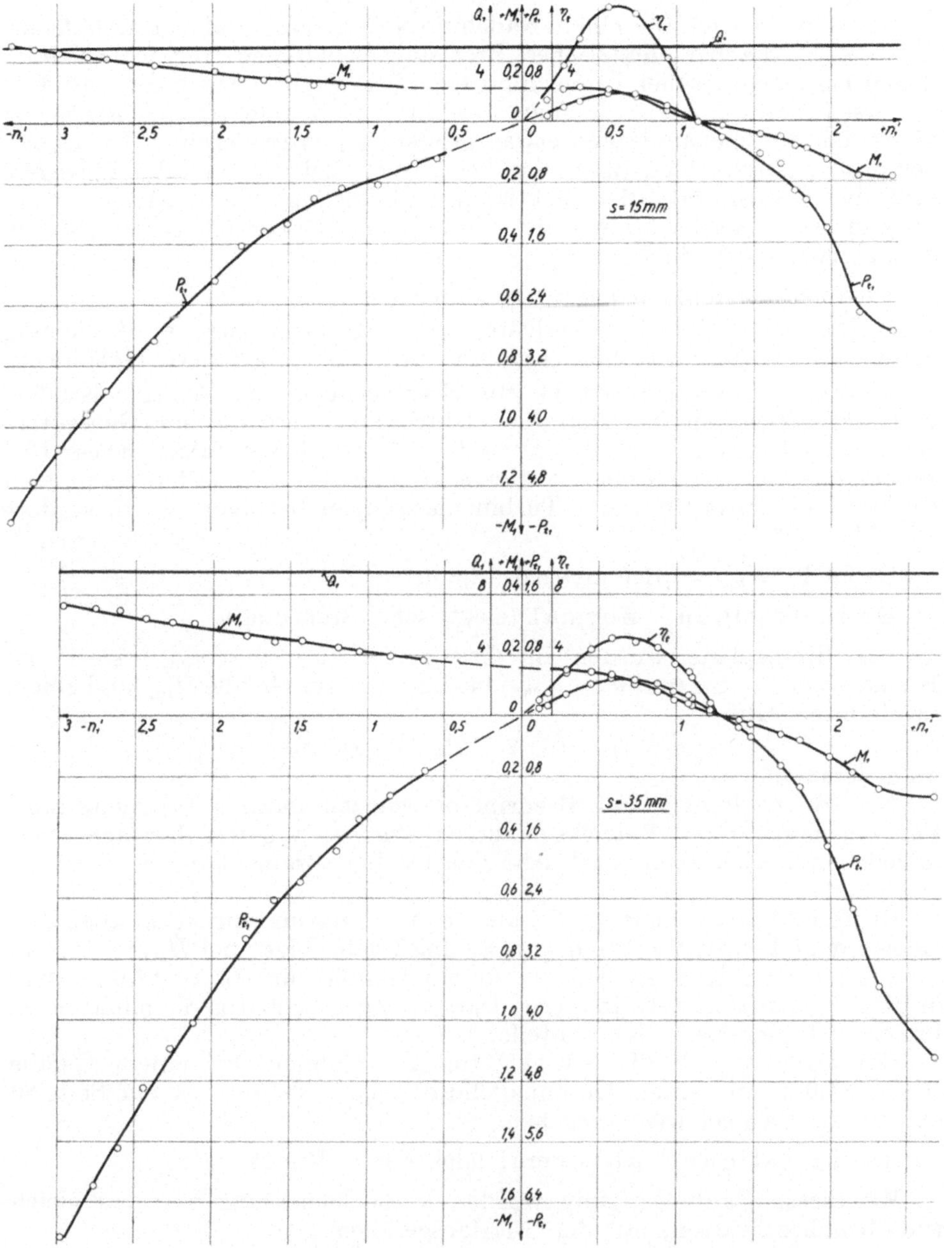

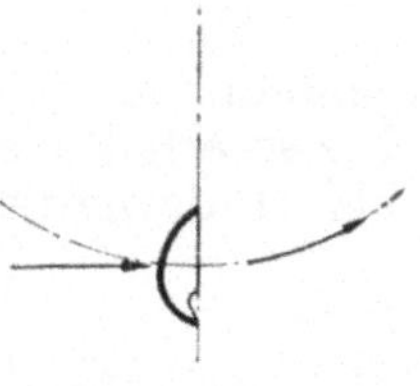

Bild 41. Bremspläne (elektrische Bremsung)

$H_{\text{tot}} = 12{,}6$ m

Radbefestigung — abnormal

Gebiete — alle drei

(Triebgebiet $0 < u < u_{\text{max}}$ sowie Bremsgebiete $u < 0$ und $u > u_{\text{max}}$)

In Bild 35 sind für einen Nadelhub $s = 20$ mm und ein Gefälle bei $H_n = 80$ m die bei elektrischer Bremsung erhaltenen Versuchsresultate denen bei mechanischer Bremsung gegenübergestellt. Aus diesem Bild 35 ist ersichtlich, daß bei kleinen Drehzahlen die elektrische Bremsung gegenüber der mechanischen etwas größere P_{t_1}-Werte ergibt. Im Gebiet der großen Drehzahlen (n_1'), also bei kleinen Leistungen (P_{t_1}) hingegen, sind die Meßresultate der elektrischen Bremsung etwas kleiner, d. h. die Kurve fällt steiler ab, und der Punkt $n_1'_\text{max}$ (elektrisch) verschiebt sich damit etwas nach links.

Diese Abweichungen kann man folgendermaßen erklären:

1. Die mechanischen Verluste (ΔP Bremsverluste, s. Gleichung Seite 75) des Bremszaumes konnten wir nur angenähert bestimmen.

2. Wie aus den Bildern 33 (für Eisenverluste) und 34 (für Kupferverluste) ersichtlich ist, sind die elektrischen Verluste des Generators bei kleinen Leistungen relativ nur sehr ungenau bestimmbar. Diese Ungenauigkeit der elektrischen Verluste können im Gebiet der maximalen Drehzahl bis zirka 40% der Turbinenleistungen betragen, da diese dort sehr klein ist.

Gefälle $H_\text{tot} = 31{,}6$ m und $12{,}6$ m:

Radbefestigung normal (elektrische Bremsung):

Die Bremspläne wurden im Triebgebiet ($0 < u < u_\text{max}$) sowie im Bremsgebiet ($u < 0$ und $u > u_\text{max}$) bei konstantem Gefälle H_tot und einem bestimmten Hub

$$s = 5,\ 10,\ 15,\ 20,\ 25,\ 30,\ 35,\ 40 \text{ mm}$$

aufgenommen.

Die so erhaltenen drei Bremspläne wurden dann zusammengefaßt. Für ein bestimmtes Betriebsgefälle ergeben sich somit bei acht verschiedenen Nadelhüben total acht vollständige Bremspläne in allen drei Gebieten.

In Bild 37 findet man Q_1, P_{t_1} und M_1 in Funktion von n_1' in allen drei Gebieten und η_t in Funktion von n_1' im Triebgebiet, bei $H_\text{tot} = 31{,}6$ m.

Die gleichen Kurven, jedoch für ein Gefälle für $H_\text{tot} = 12{,}6$ m, sind in Bild 38 aufgezeichnet. In diesen Darstellungen bedeuten die punktierten Linien nichtgemessene Kurventeile.

Ein Meßprotokoll (Tabelle 11) für alle Gebiete, bei einem Gefälle $H_\text{tot} = 31{,}6$ m und einem Düsennadelhub von $s = 20$ mm, ist auf Seite 80 und 81 als Beispiel wiedergegeben.

Radbefestigung abnormal (elektrische Bremsung):

Mit dieser Radbefestigung wurden Versuchsmessungen genau gleich wie oben beschrieben, mit den Betriebsgefällen

$$H_\text{tot} = 80,\ 31{,}6 \text{ und } 12{,}6 \text{ m}$$

und den jeweiligen Nadelhüben

$$s = 5,\ 15,\ 25 \text{ und } 35 \text{ mm}$$

vorgenommen.

Die so erhaltenen Bremspläne sind für alle drei Gebiete in den Bildern 39 bis 41 dargestellt.

7. Die Ergebnisse der Hauptversuche

a) Hauptdiagramme

Im letzten Abschnitt 6 b „Hauptversuche" sind die Bremspläne, die aus den Bremsversuchen erhalten wurden, in den Bildern 36 bis 41 aufgezeichnet. Auf Grund dieser Bremspläne können nun die Hauptdiagramme zusammengestellt werden. In einem solchen Hauptdiagramm sind für alle Nadelhübe, bei einem bestimmten Betriebsgefälle H_{tot}, die folgenden Größen in Funktion von n_1' aufgetragen:

$$Q_1, \quad M_1, \quad P_{t_1}, \quad \eta_t$$

In Bild 42 a sind für die normale Radbefestigung bei den Nadelhüben $s = 5$, 10, 15, 20, 25, 30, 35 und 40 mm und bei einem Betriebsgefälle $H_{tot} = H_n =$ $= 80$ m im Triebgebiet die auf 1 m Gefälle umgerechnete Wassermenge Q_1 in Funktion der auf 1 m Gefälle umgerechneten Drehzahl n_1' aufgetragen.

In den Bildern 42 b, 42 c, 42 d, 42 e und 42 f sind bei gleichen Versuchsbedingungen M_1, P_{H_1} (berechnet), P_{t_1}, η_H (berechnet) und η_t in Funktion von n_1' aufgezeichnet.

Für die Betriebsgefälle von $H_{tot} = 31{,}6$ m und 12,6 m sind die Größen M_1 und P_{t_1} für alle drei Gebiete in Funktion von n_1' in den Bildern 43 a, 43 b und 44 a, 44 b dargestellt.

Für die abnormale Radbefestigung sind in den Bildern 45, 46 und 47 die Größen M_1, P_{t_1} und η_t bei je einem Betriebsgefälle von $H_{tot} = 80$, 31,6 und 12,6 m eingezeichnet. Da bei dieser Versuchsanordnung die Versuche nur mit Nadelhüben von $s = 5$, 15, 25 und 35 mm durchgeführt wurden, enthält jedes Hauptdiagramm nur vier Kurven gegenüber acht bei normaler Radbefestigung.

Allgemeine Diskussion der Hauptdiagramme

α) Befestigung des Rades normal

Betriebsgefälle $H_{tot} = H_n = 80$ m:

Aus Bild 42 a ist zu ersehen, daß Q_1 für ein bestimmtes Gefälle H_{tot} und einem bestimmten Nadelhub s bei veränderlichem n_1', wie zu erwarten, konstant bleibt. Denn Q_1 ist nach Gl. (55) nur abhängig vom Nadelhub s, und zwar war $Q_1 = K_{c_0} \cdot (0{,}4174 \cdot s - 2{,}117 \cdot s^2)$.

Aus der Form dieser Gleichung ist leicht ersichtlich, daß Q_1 mit zunehmendem s nicht linear, sondern weniger rasch anwächst.

Das Hauptdiagramm 42 b zeigt den Verlauf der M_1-Drehmomente (pro 1 m Gefälle) in Funktion von n_1', wobei die bei der mechanischen Bremsung erhaltenen Punkte aufgetragen sind und bei der Umrechnung auf 1 m Gefälle die Versuchsergebnisse bei 80 m Gefälle zugrunde gelegt wurden. Theoretisch sollte der M_1-Verlauf nach Bild 8 geradlinig sein. Die ausgezogenen Kurven folgen genau den Meßwerten. Im nicht gemessenen Teil, d. h. bei großer Drehzahl, ist der extrapolierte Verlauf der Charakteristik durch eine punktierte Linie angezeigt, wodurch $n_1'_{max}$ erhalten wird. Der Wert $n_1'_{max}$ wächst bis zu einem Nadelhub $s = 30$ mm und nimmt hierauf wieder etwas ab. Die Erklärung dieses Verlaufes könnte durch die steigenden relativen Verluste (v_2) infolge Zunahme des Druckverlustes auf den Schaufeln gefunden werden.

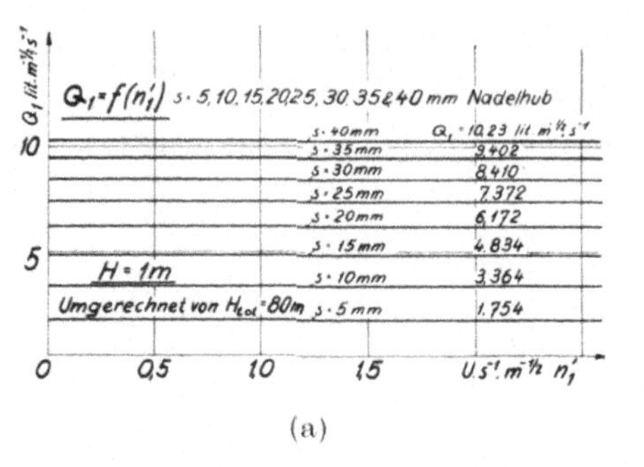

(a)

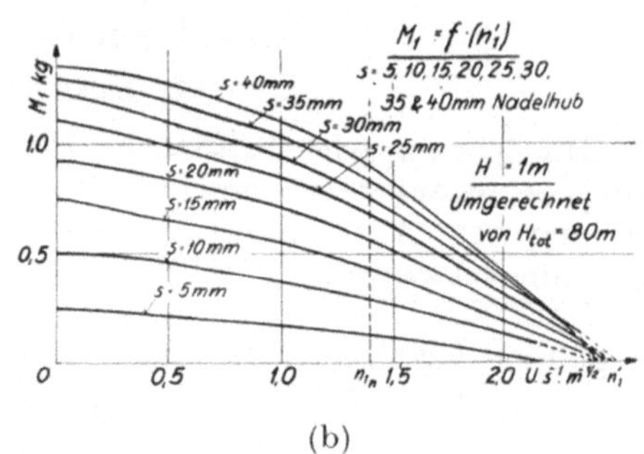

(b)

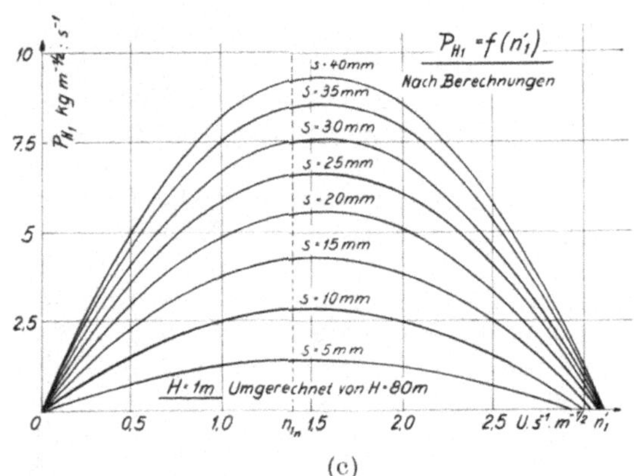

(c)

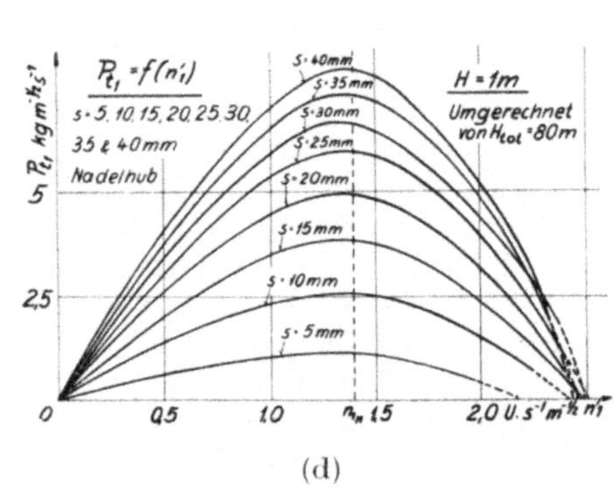

(d)

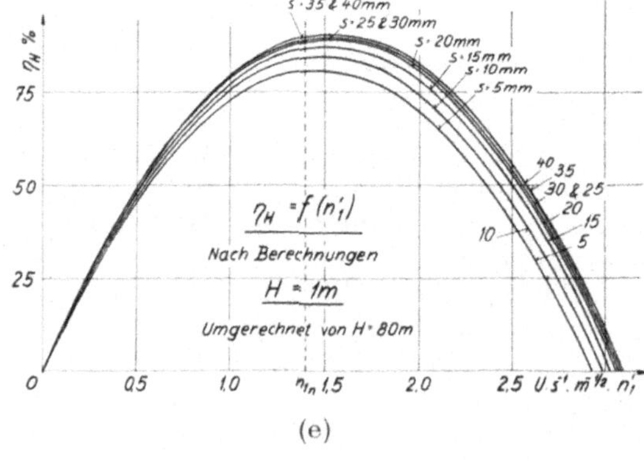

(e)

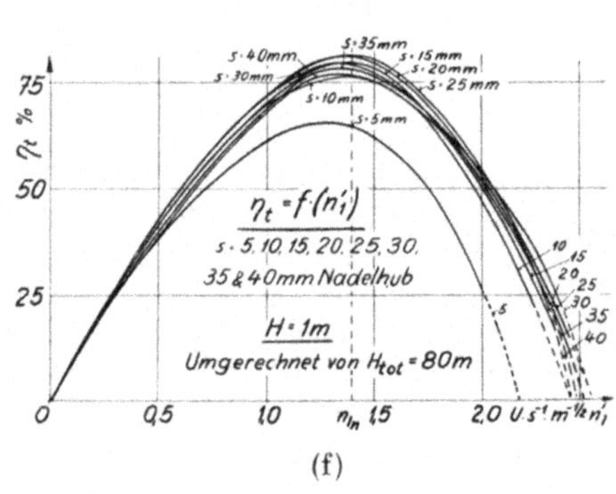

(f)

Bild 42 a—f. Hauptdiagramme

Q_1, M_1, P_{H_1}, P_{t_1}, η_H und $\eta_t = f(n_1')$

$H_{tot} = 80$ m

Radbefestigung — normal

Gebiet — Trieb

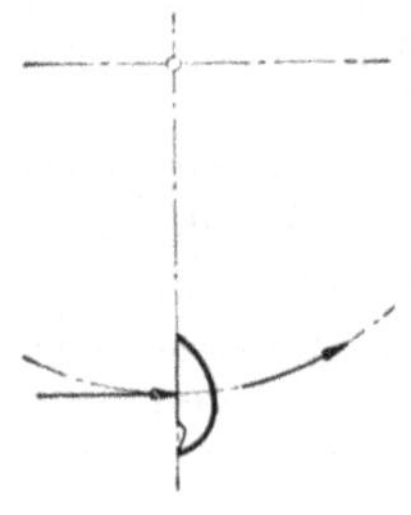

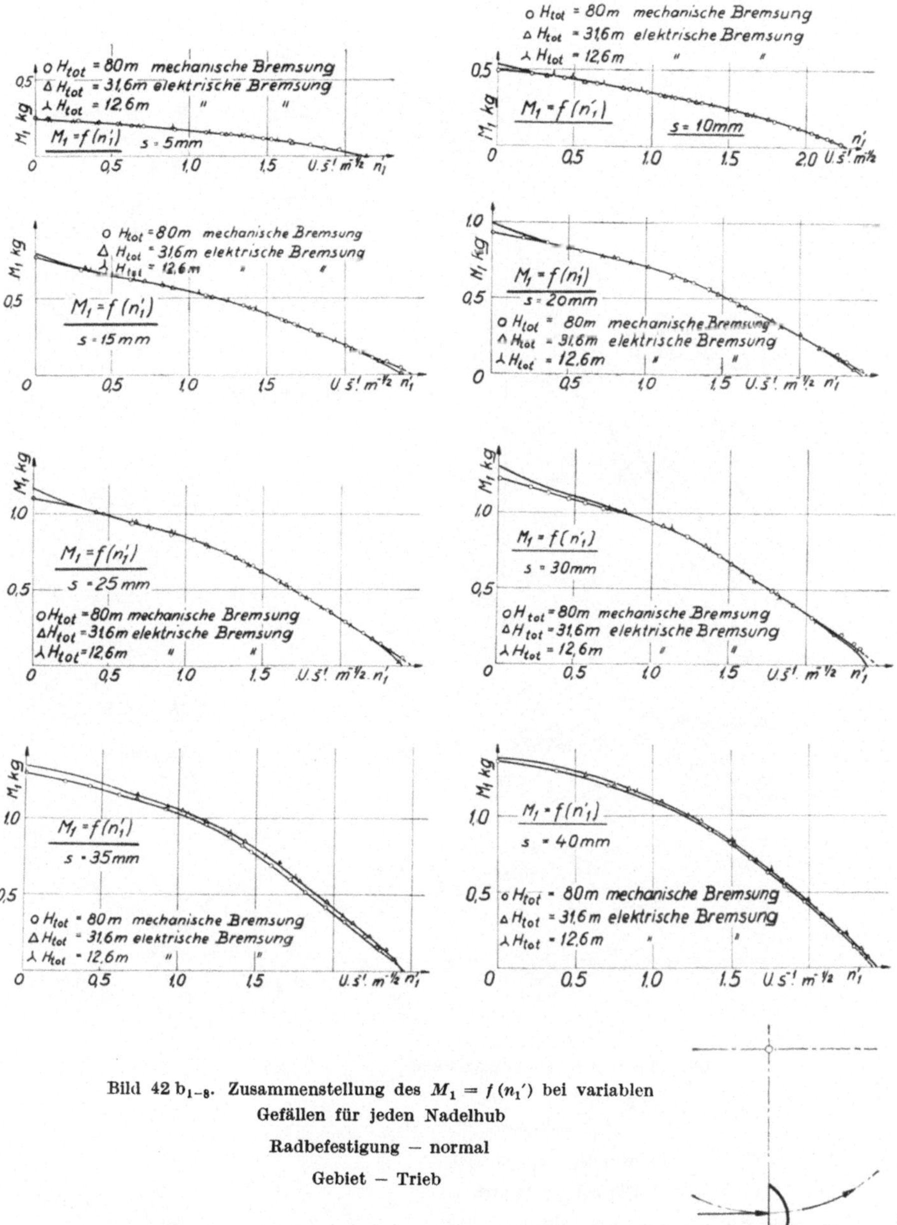

Bild 42 b$_{1-8}$. Zusammenstellung des $M_1 = f(n_1')$ bei variablen
Gefällen für jeden Nadelhub

Radbefestigung — normal

Gebiet — Trieb

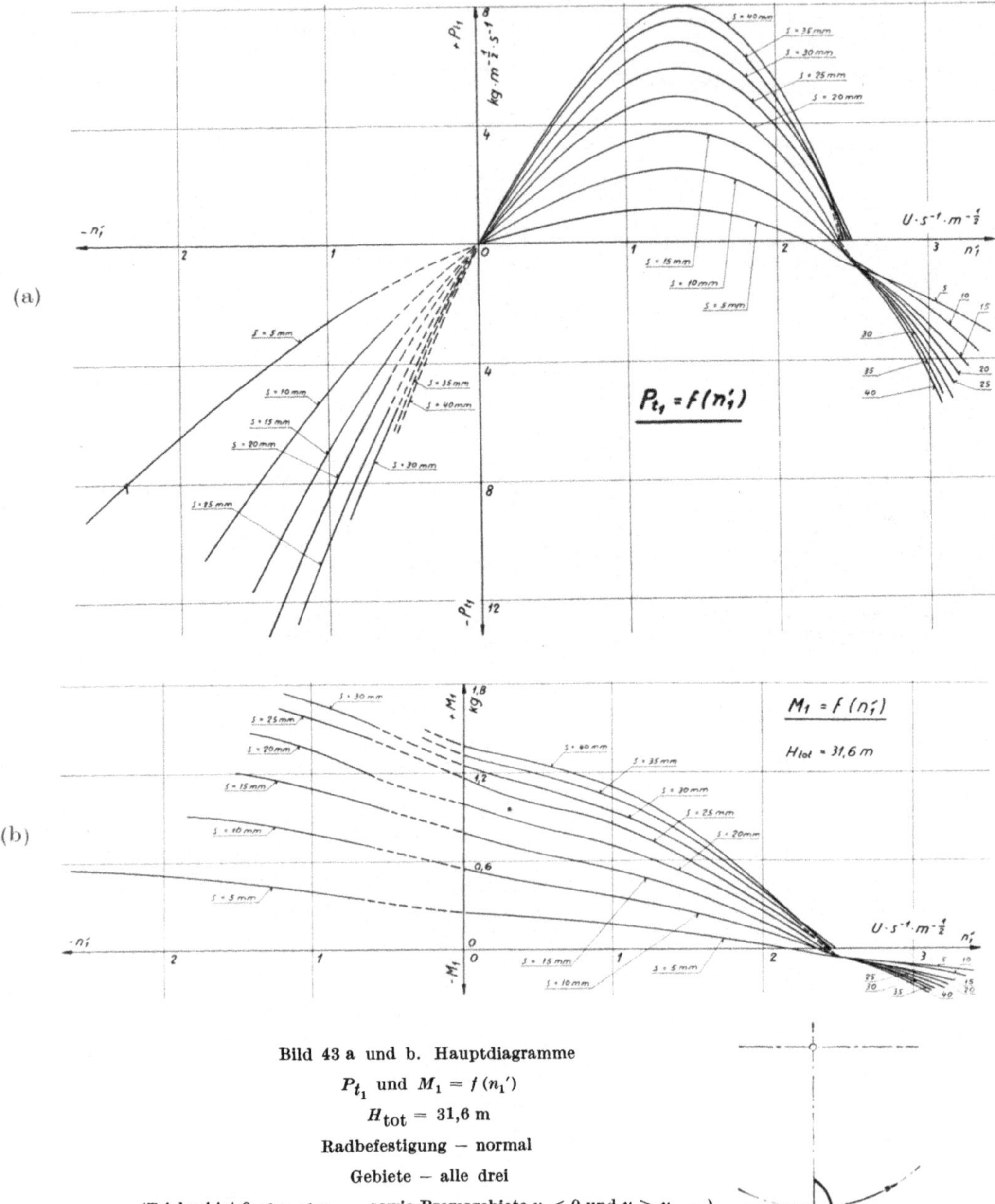

Bild 43 a und b. Hauptdiagramme

P_{t_1} und $M_1 = f(n_1')$

$H_{\text{tot}} = 31,6\ \text{m}$

Radbefestigung — normal

Gebiete — alle drei

(Triebgebiet $0 < u < u_{\max}$ sowie Bremsgebiete $u < 0$ und $u > u_{\max}$)

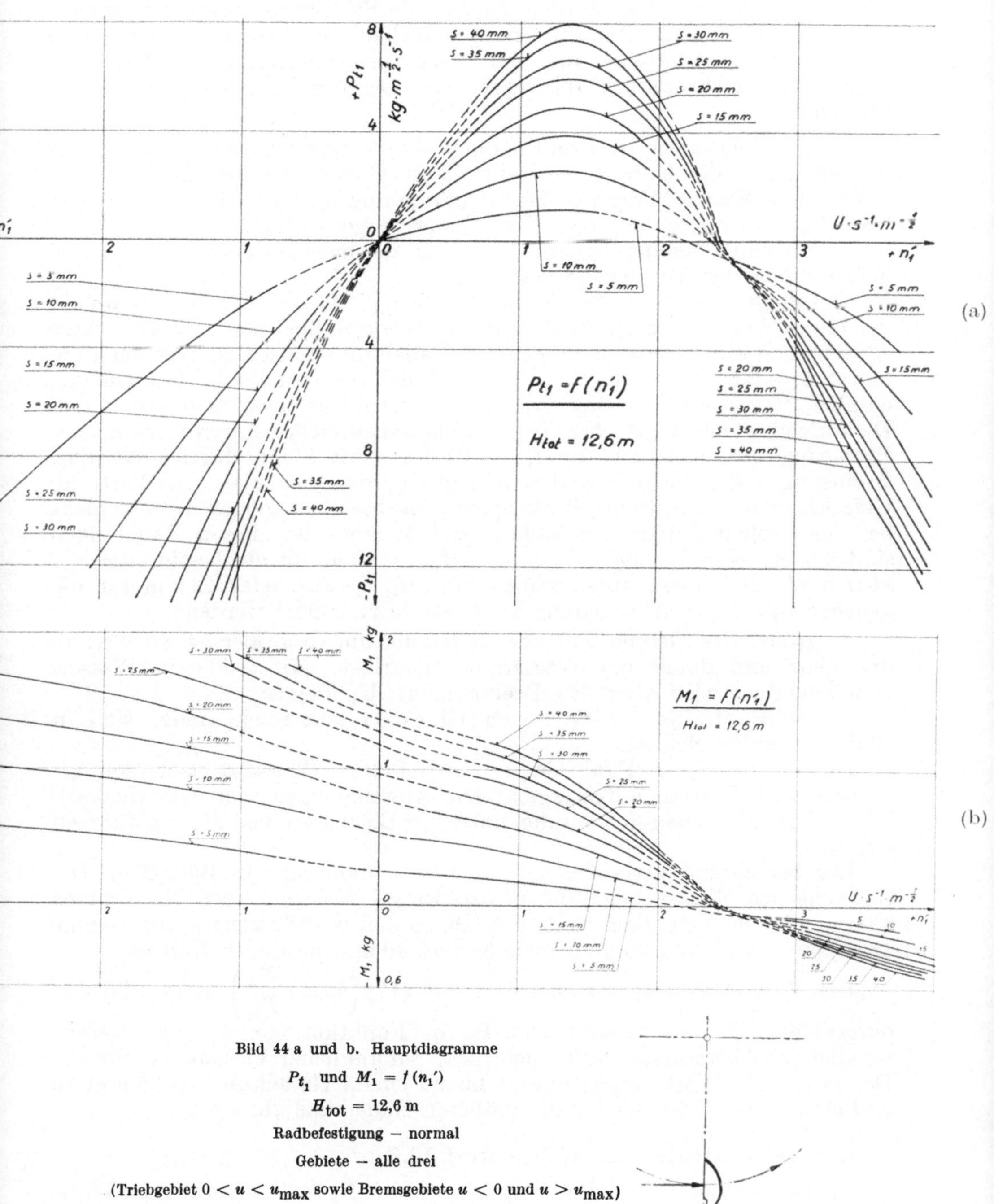

Bild 44 a und b. Hauptdiagramme

P_{t_1} und $M_1 = f(n_1')$

$H_{\text{tot}} = 12{,}6$ m

Radbefestigung — normal

Gebiete — alle drei

(Triebgebiet $0 < u < u_{\max}$ sowie Bremsgebiete $u < 0$ und $u > u_{\max}$)

Bei ganz kleinen Drehzahlen konnte aus den auf Seite 76 erwähnten Gründen nicht gebremst werden, so daß die Stillstandspunkte den Mittelwert vieler gemessener Punkte bei verschiedenen Radstellungen darstellen.

Die Abweichung des aus den Versuchen ermittelten M_1-Verlaufes gegenüber der theoretisch sich ergebenden Geraden kann wie folgt erklärt werden:

1. Mit wachsender Drehzahl nehmen die Wassermengenverluste ΔQ zu, so daß gegen die Durchgangsdrehzahl die Gerade in eine leicht konkav gekrümmte Kurve übergeht. Diese Krümmung nimmt mit zunehmendem Nadelhub zu, infolge ansteigender Wassermengenverluste.

2. Mit zunehmender Drehzahl wachsen die mechanischen Verluste und insbesondere der Ventilationsverlust.

3. Infolge zunehmender Druckverluste (v_1 und v_2) (s. Seite 12) weicht die Kurve bei kleiner Drehzahl von der theoretischen Geraden ab. Diese Abweichung nimmt mit zunehmendem Nadelhub zu. In Diagrammen 42 b$_1$ bis 42 b$_8$ sind $M_1 = f(n_1')$ für jeden Nadelhub s und alle drei Gefälle, nämlich $H_{tot} = 80$, 31,6 und 12,6 m im Triebgebiet zusammen gezeichnet. Die aufgetragenen Werte für $H_{tot} = 80$ m erhielten wir durch mechanische Bremsung und diejenigen für $H_{tot} = 31,6$ m sowie 12,6 m durch elektrische Bremsung. Man sieht aus diesen Kurven, daß der absolute Wert des Gefälles keine wesentliche Rolle spielt. Es bestehen jedoch Unterschiede bei den großen Hüben $s = 35$ mm und 40 mm. Bei diesen Nadelhüben sind die M_1-Werte, umgerechnet von $H_{tot} = 80$ m für ein bestimmtes n_1', kleiner als diejenigen umgerechnet von $H_{tot} = 31,6$ oder 12,6 m für die gleichen n_1'. Diese Abweichung kann wie folgt erklärt werden:

Je größer das Gefälle und der Nadelhub, um so größer ist die Strahldivergenz und damit der Wassermengenverlust. Mit größerem Wassermengenverlust wird aber das Drehmoment M_1 kleiner.

Der Verlauf $P_{H_1} = f(n_1')$ nach Gl. (62 I) berechnet, findet sich in Bild 42 c aufgezeichnet.

Die Werte P_{t_1} in Funktion von n_1' sind in Bild 42 d nach den gemessenen M_1-Werten aufgetragen. Die Abweichungen von dem theoretischen Verlauf ergeben sich aus den unter der Diskussion von M_1 angeführten Gründen.

Der berechnete Verlauf von $\eta_H = f(n_1')$ findet sich in Bild 42 e. Der Zuwachs des Wertes des Wirkungsgrades η_H zwischen zwei Nadelhüben nimmt mit zunehmendem Nadelhub ab, so daß die Wirkungsgradzunahme zwischen $s = 25$ und 30 mm sowie 35 und 40 mm praktisch Null ist.

Der Verlauf von $\eta_t = f(n_1')$ nach Gl. (17) $\left(\eta_t = \dfrac{P_{t_1}}{P_{d_1}} \right)$ ist in Bild 42 f dargestellt. Da der Verlauf von P_{d_1} in Funktion von n_1' eine Gerade parallel zur Abszisse ist, ergibt sich für η_t ein ähnlicher Verlauf wie für P_{t_1}. Der maximale Wert von η_t nimmt bis zu einem Nadelhub $s = 25$ mm zu und sinkt hierauf wieder für die größeren Nadelhübe ab.

Betriebsgefälle $H_{tot} = 31,6$ und 12,6 m:

Im Triebgebiet weisen die Hauptdiagramme Nr. 43 und 44 für die Werte von P_{t_1} und M_1, wie zu erwarten ist, dieselbe Charakteristik auf wie bei einem Betriebsgefälle von $H_{tot} = 80$ m.

Der Verlauf $P_{t_1} = f(n_1')$ ist für alle drei Gebiete in den Bildern 43 a und 44 a dargestellt. Der Übergang vom Bremsgebiet $u < 0$ in das Triebgebiet ergibt für jeden Nadelhub eine stetige Kurve durch den Punkt $n_1' = 0$. Der Übergang vom Triebgebiet in das Bremsgebiet $u > u_{max}$ weicht stark vom theoretischen Verlauf nach Bild 5 ab und zeigt eine typische Form. Der Grund für diese Form der vorliegenden Charakteristiken liegt in folgendem:

In der Umgebung von $n_1'{}_{max}$ gibt die Turbine im Triebgebiet weniger Leistung ab und nimmt im Bremsgebiet auch weniger Leistung auf. Da hier mit der elektrischen Bremsung gearbeitet wurde, mußten die elektrischen Verluste des Generators berücksichtigt werden, die relativ sehr ungenau sind (s. Bild 33 und 34). Aus diesen Ungenauigkeiten resultiert die typische Form der Kurve. Das ist auch ersichtlich in der Gegenüberstellung der Resultate der elektrischen und mechanischen Bremsung (s. Bild 35), in der die elektrische gegenüber der genauen mechanischen Bremskurve abweicht und vorzeitig in den Bereich von $n_1'{}_{max}$ hinunterfällt.

Der weitere Verlauf von P_{t_1} im $u > u_{max}$-Gebiet weicht ebenfalls vom theoretischen Verlauf ab. Der Grund hierfür liegt darin, daß bei großer Drehzahl Wasser von den sich in Drehung befindlichen Schaufeln an die Turbinengehäusewand gespritzt wird und von dort wieder auf die Schaufeln zurückfällt. Dieses zurückfallende Wasser wirkt gegen den Düsenstrahl, so daß bei den Versuchen die Bremsleistung kleiner ausfällt, als sich theoretisch ergeben sollte.

Das Drehmoment $M_1 = f(n_1')$, nach P_{t_1} gerechnet, ist in den Bildern 43 b und 44 b aufgetragen. Die Abweichung des gemessenen Verlaufes von M_1 gegenüber dem theoretischen beruht auf den gleichen Gründen, wie unter der Diskussion von P_{t_1} angeführt.

β) *Befestigung des Rades abnormal* (Tafel II b)

Die Ergebnisse sind in den Bildern 45 bis 47 dargestellt.

Bei allen Betriebsgefällen $H_{tot} = 80$, $31{,}6$ und $12{,}6$ m steigt der Wert $n_1'{}_{max}$ mit zunehmendem Nadelhub. $Q_1 = f(n_1')$ ergibt für alle drei Gebiete eine Horizontale.

Der Übergang vom $u < 0$-Gebiet in das Triebgebiet sowie vom Triebgebiet in das $u > u_{max}$-Gebiet verläuft fast stetig.

Der Verlauf von $M_1 = f(n_1')$ und $P_{t_1} = f(n_1')$ kann zusammen diskutiert werden, denn die Begründung für die Abweichung vom theoretischen Verlauf ist für die beiden Größen die gleiche.

Im Triebgebiet (zwischen $u = 0$ und $u = u_{max}$) ist die Leistung und damit die Umfangskraft bedeutend kleiner als bei normal montiertem Laufrad, weil der Winkel β_2 in Gl. (1 d) ein spitzer Winkel (s. Bild 3 b) ist.

Im Bremsgebiet $u < 0$ verläuft $M_1 = f(n_1')$ bei kleineren Drehzahlen zuerst flach und steigt erst mit zunehmender Drehzahl rasch an. Die Begründung für diese Erscheinung liegt wohl darin, daß bei kleinen Drehzahlen die Wassermenge aus der Düse zuerst an die Rückseite der Schaufeln gelangt und ein Teil davon auf die Vorderseite der vorangegangenen Schaufeln zurückfällt. Die resultierende Umfangskraft ist deshalb klein. Bei größeren Drehzahlen fällt ein kleinerer Teil der Wassermenge auf die Vorderseite der vorangegangenen Schaufel, so daß hierdurch eine größere Umfangskraft resultiert.

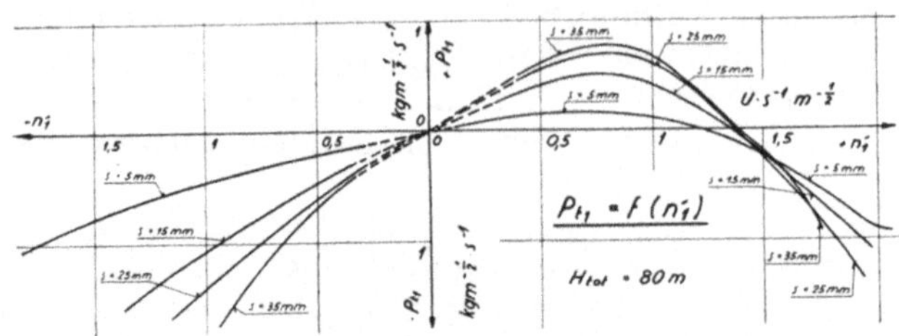

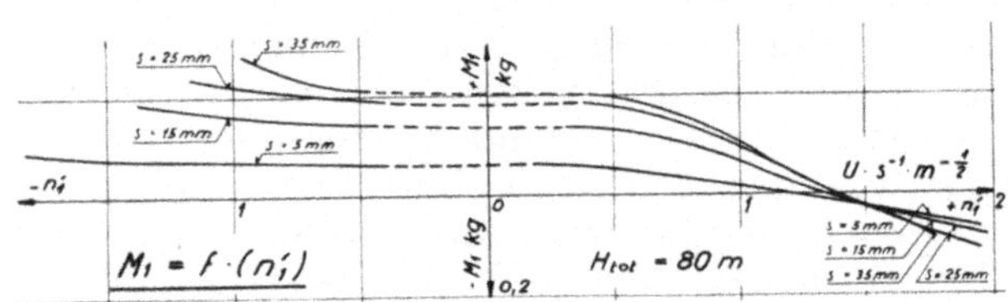

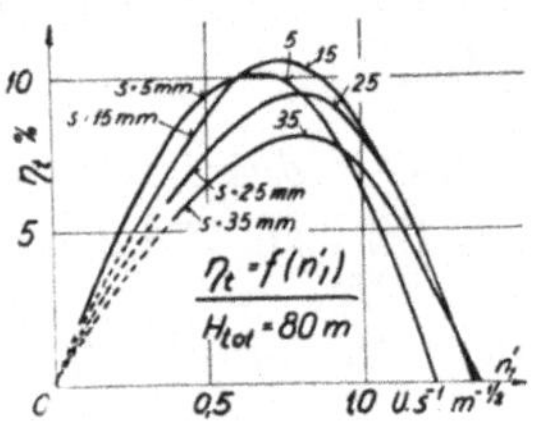

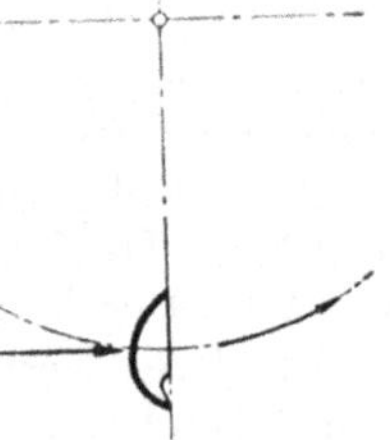

Bild 45. Hauptdiagramme

P_{t_1}, M_1 und $\eta_t = (n_1')$

$H_{\mathrm{tot}} = 80$ m

Radbefestigung — abnormal

Gebiete (für P_{t_1} und M_1) — alle drei

(Triebgebiet $0 < u < u_{\max}$ sowie Bremsgebiete $u < 0$ und $u > u_{\max}$)

Gebiet [für η_t] — Trieb

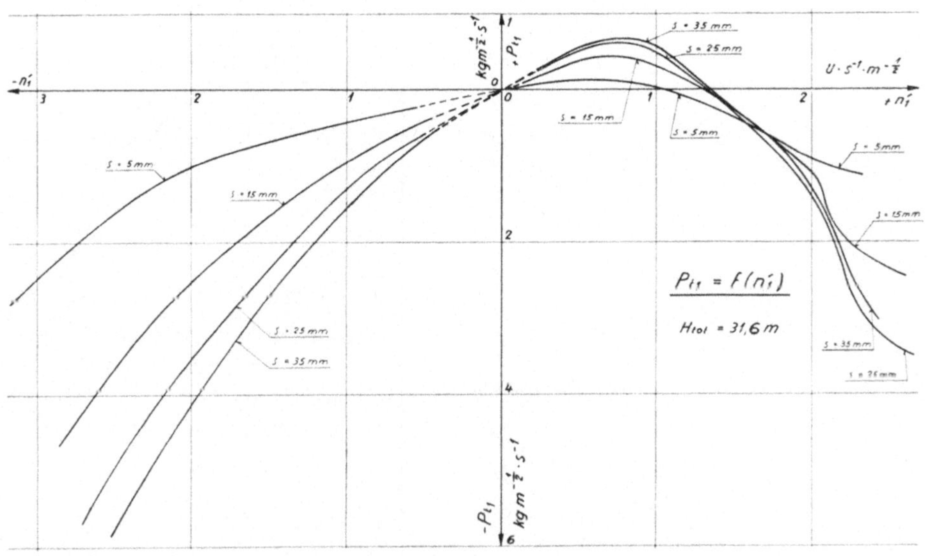

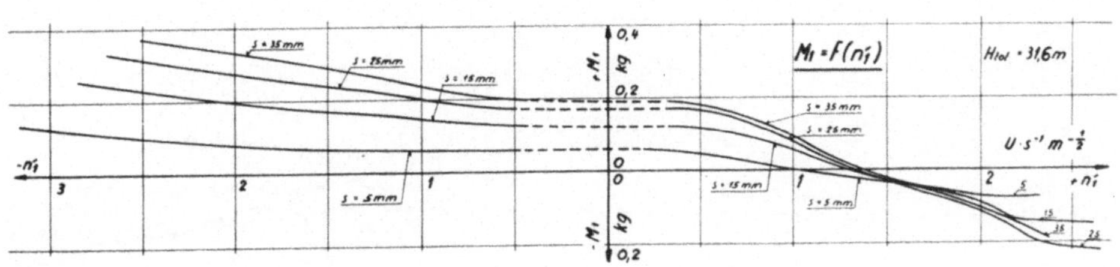

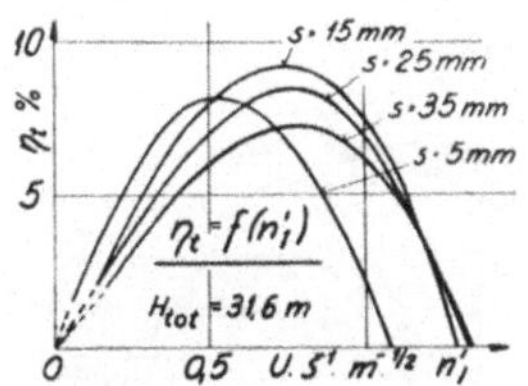

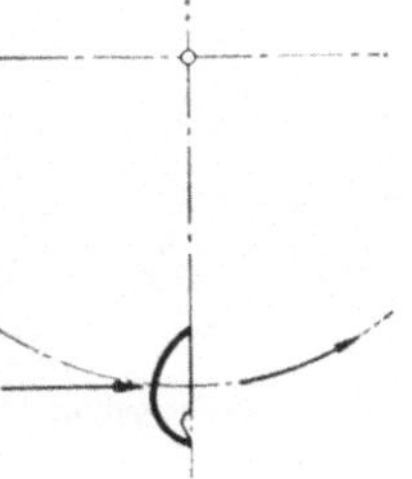

Bild 46. Hauptdiagramme

P_{t_1}, M_1 und $\eta_t = (n_1')$

$H_{tot} = 31,6$ m

Radbefestigung — abnormal

Gebiete [für P_{t_1} und M_1] — alle drei

(Triebgebiet $0 < u < u_{max}$ sowie Bremsgebiete $u < 0$ und $u > u_{max}$)

Gebiet [für η_t] — Trieb

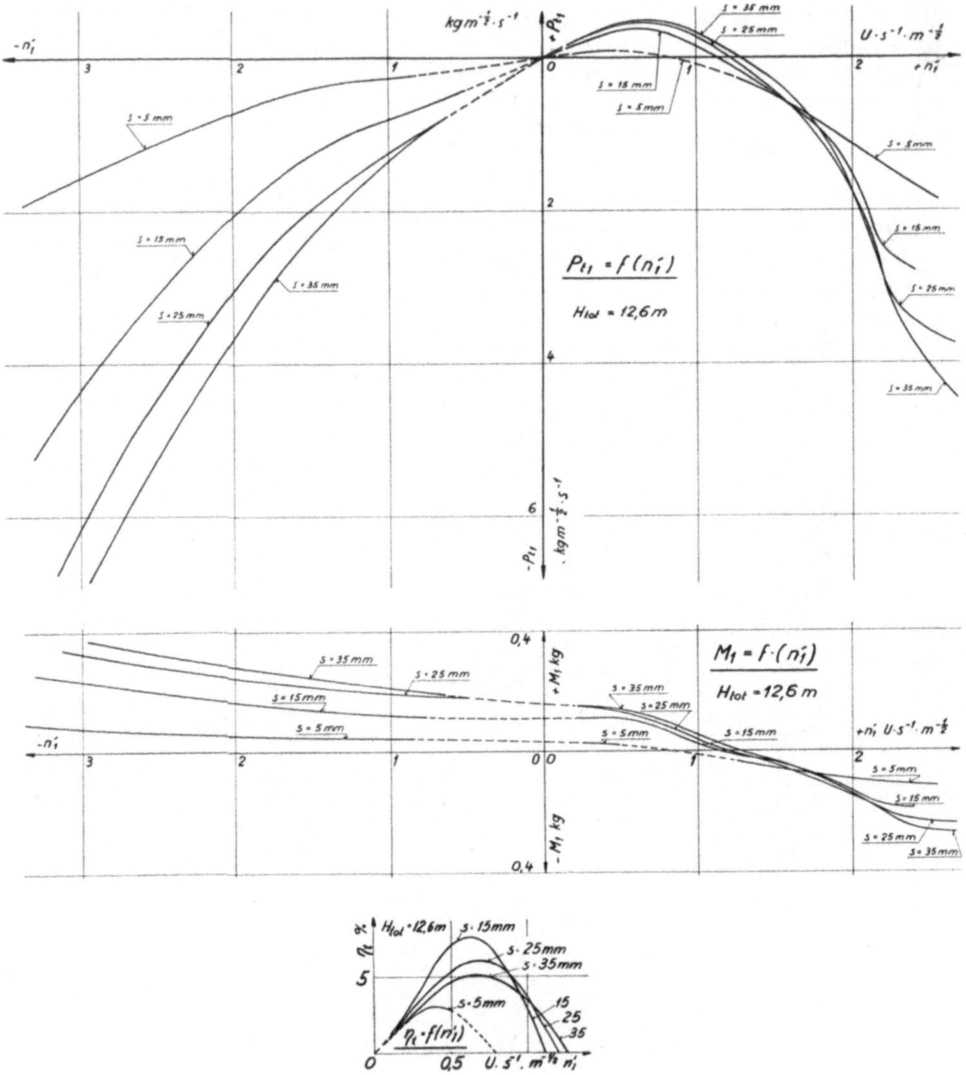

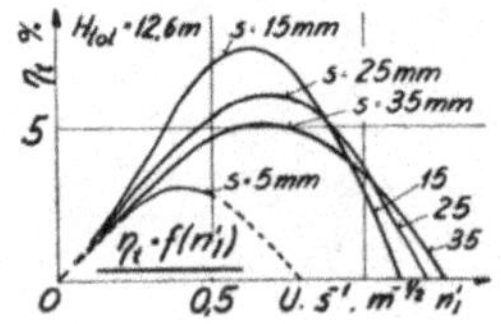

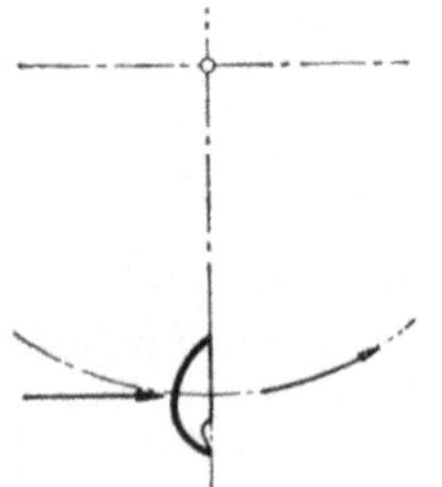

Bild 47. Hauptdiagramme

P_{t_1}, M_1 und $\eta_t = (n_1')$

$H_{tot} = 12{,}6$ m

Radbefestigung — abnormal

Gebiete [für P_{t_1} und M_1] — alle drei

(Triebgebiet $0 < u < u_{max}$ sowie Bremsgebiete $u < 0$ und $u > u_{max}$)

Gebiet [für η_t] — Trieb

Bei abnormal montiertem Laufrad ist im Bremsgebiet $(u < 0)$ die Umfangskraft und damit die Leistung kleiner als bei normal montiertem Rad in diesem Gebiet. Wie oben ausgeführt, fällt bei abnormaler Befestigung nur ein Teil der Wassermenge auf die Vorderseite der Schaufeln, während bei normaler Befestigung die volle Wassermenge auf die Schaufelvorderseite auftrifft. Gleichzeitig ist auch die Beaufschlagungsfläche bei normaler Radbefestigung größer, so daß die Umfangskraft höher ausfällt.

Im Bremsgebiet $u > u_{\mathrm{max}}$ sind die Werte von M_1 und P_{t_1} bei normaler Radbefestigung auch größer als bei abnormaler Radbefestigung. Die

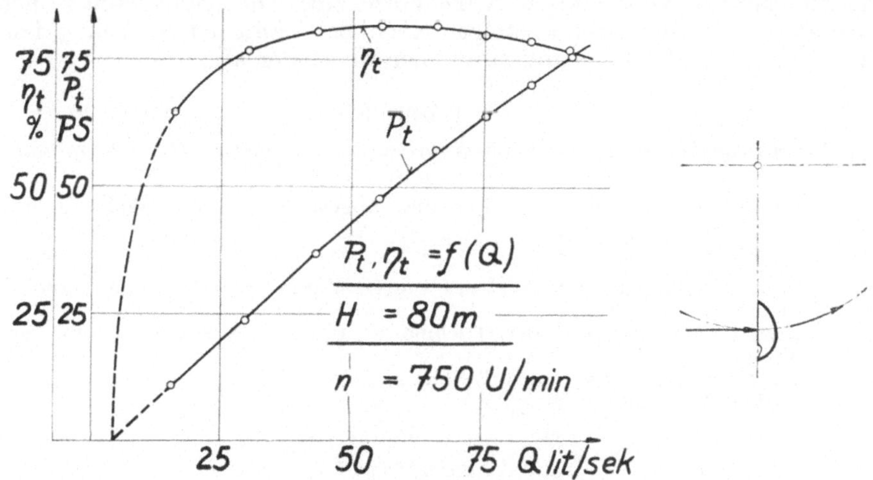

Bild 48. Betriebscharakteristiken

P_t = totale Leistung der Turbine in PS
η_t = totaler Wirkungsgrad der Turbine in %
Q = Wassermenge in $\mathrm{l\,s^{-1}}$

Begründung ist die gleiche wie im $u < 0$-Gebiet. Die tatsächliche Bremsleistung ist größer, als aus dem theoretischen Verlauf geschlossen werden könnte. Diese Abweichung ergibt sich aus der größeren Beaufschlagungsfläche.

Der Verlauf von $\eta_t = f(n_1')$ ist nur im Triebgebiet gezeichnet. Für alle Betriebsgefälle weist η_t bei einem Hub von 15 mm den maximalen Wert auf und beträgt für $H_{\mathrm{tot}} = 80$ m 10,6%, gegenüber einem maximalen Wert von 81,6% bei normaler Radbefestigung, einem Hub von 25 mm und einem Betriebsgefälle von $H_{\mathrm{tot}} = 80$ m. Das Verhältnis zwischen $\eta_{t\,\mathrm{max}}$ bei abnormaler und normaler Radbefestigung beträgt somit 7,7.

b) Weitere Charakteristiken der Versuchsturbine

α) Betriebscharakteristiken der Versuchsturbine bei Nenngefälle $H_n = 80$ m im Triebgebiet

In Bild 48 ist die totale Leistung P_t in PS sowie der totale Wirkungsgrad η_t in % in Funktion der Wassermenge Q in $\mathrm{l\,s^{-1}}$ aus Tabelle 12 aufgetragen. Diese Betriebscharakteristiken sind dargestellt für $n_n = 750$ U/min $(n_1{}'_n = 1,396\ \mathrm{U\,s^{-1}\,m^{-1/2}})$ und für ein Betriebsgefälle $H_n = 80$ m.

Die beiden Kurven $P_t = f(Q)$ und $\eta_t = f(Q)$ schneiden sich auf der Q-Achse im Punkt $Q = Q_L = $ Leerlaufwassermenge. Q_L beträgt $4{,}2$ l s^{-1} und ist $4{,}6\%$ der Wassermenge $Q_n = 91{,}56$ l s^{-1} beim Konstruktionsnadelhub $s_n = 40$ mm. Der Leerlaufnadelhub s beträgt $1{,}34$ mm und ist $3{,}35\%$ des Konstruktionsnadelhubes s_n. Diese Werte für Q_L und s_L sind nicht sehr genau, weil der minimale Nadelhub, bei welchem die Messungen durchgeführt worden sind, $s = 5$ mm $(Q = 15{,}7$ l s$^{-1})$ betrug. Deshalb müssen für den Teil $s < 5$ mm die P_t- und η_t-Kurven extrapoliert werden.

Die Leistung $P_t = f(Q)$ steigt bei kleiner Wassermenge stark und die Leistungskurve weist eine konvexe Form auf. Dies rührt vom η_t her, der in diesem Teil sehr rasch ansteigt. Nachher nimmt der Verlauf η_t langsam zu bis zu $Q = 62{,}5$ l s^{-1} und sinkt hierauf wieder ab.

Tabelle 12

Betriebscharakteristiken der Versuchsturbine bei Nenngefälle $H_n = 80$ m und im Triebgebiet; $n_n = 750$ U/min $(n_1' = 1{,}396$ U s^{-1} m$^{-1/2})$

P_t = totale Leistung oder die Leistung abgegeben an der Welle in PS =

$$= \frac{P_{t_1} \cdot H_{\text{tot}} \cdot \sqrt{H_{\text{tot}}}}{75}$$

P_{t_1} = totale Leistung umgerechnet auf 1 m Gefälle in kg m$^{-1/2}$ s^{-1} (aus dem Hauptdiagramm Nr. 42 d)

η_t = totaler Wirkungsgrad der Turbine in Prozent (aus dem Hauptdiagramm Nr. 42 f)

Q = Wassermenge in l s^{-1} (aus Tabelle 3, Seite 43)

s = Nadelhub in mm

s	Q	P_{t_1}	P_t	η_t
mm	l s^{-1}	kg m$^{-1/2}$ s^{-1}	PS	%
5	15,68	1,15	10,99	64,5
10	30,10	2,49	23,8	76,4
15	43,2	3,86	36,85	80,0
20	55,24	5,0	47,75	81,2
25	66,0	6,0	57,3	81,5
30	75,27	6,67	63,7	79,5
35	84,15	7,36	70,3	78,4
40	91,56	7,95	75,9	77

Der maximale Wert für η_t beträgt $81{,}6\%$ bei $Q = 62{,}5$ l s^{-1} und $P_t = 53{,}7$ PS.

Die Leistung bei den Konstruktionsdaten $(Q_n = 80$ l s^{-1}, $H_n = 80$ m und $n_n = 750$ U/min) beträgt $67{,}5$ PS und es ist dabei $\eta_t = 79{,}2\%$.

β) Die Berechnung der verschiedenen Wirkungsgrade und Leistungen bei Nenngefälle $H_n = 80$ m und Nenndrehzahl $n_n = 750$ U/min $(n_1'{}_n = 1{,}396$ U s^{-1} m$^{-1/2})$

η_H, η_Q, η_h, η_m und η_t sind in Funktion von Q_1 bei $H_{\text{tot}} = H_n = 80$ m konst. sowie $n_1' = n_1'{}_n = $ konst. in Tabelle 13 zusammengestellt und in Bild 49 aufgetragen. Diese Wirkungsgrade wurden wie folgt bestimmt:

Der Gefällswirkungsgrad η_H bei $n_1'{}_n = $ konst. ergibt sich aus dem Hauptdiagramm Nr. 42 e. Er steigt am Anfang sehr rasch und bleibt nachher bei großem Q_1 fast konstant. Die Gefällsverluste sind bei kleinen Hüben also höher als bei großen, was hauptsächlich durch den Düsenwirkungsgrad η_D bedingt wird.

Der Wassermengenwirkungsgrad η_Q ist nach Gl. (14) zu $\eta_Q = \dfrac{\eta_h}{\eta_H}$. Da η_h und η_H bekannt sind, können wir leicht η_Q berechnen. Der Wert von η_Q nimmt nur bis zu einem Nadelhub $s = 15$ mm zu und sinkt für größere Nadelhübe. Die Wassermengenverluste beginnen deshalb schon von $s = 20$ mm an zu wachsen.

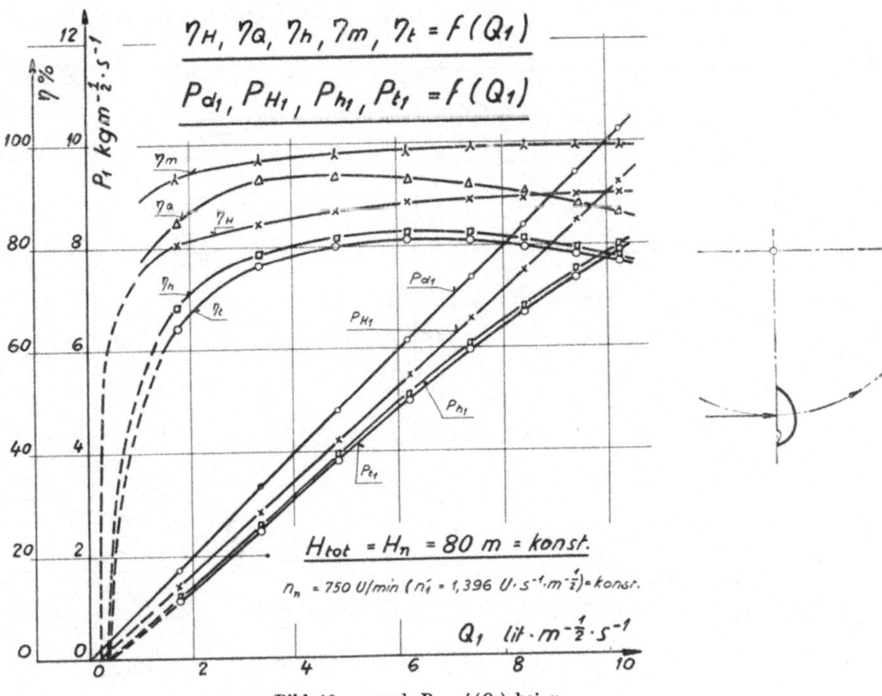

Bild 49. η und $P = f(Q_1)$ bei n_n

Der hydraulische Wirkungsgrad η_h nach Gl. (14) ist $\eta_h = \dfrac{P_h}{P_d} = \dfrac{P_t + P_{R+V}}{P_d}$.

Wie für η_t, nehmen die Werte von η_h ebenfalls bis zu einem Nadelhub von $s = 25$ mm zu und sinken für größere Nadelhübe wieder.

Der mechanische Wirkungsgrad η_m nach Gl. (16) ist $\eta_m = \dfrac{P_t}{P_h} = \dfrac{P_t}{P_t + P_{R+V}}$.

Da P_{R+V} für $n_1'{}_n$ praktisch konstant ist, nimmt mit zunehmender Leistung, d. h. mit größerem Q_1, der mechanische Wirkungsgrad zu.

Der totale Wirkungsgrad η_t bei $n_1'{}_n = $ konst. ergibt sich aus Hauptdiagramm Nr. 42 f. Die Werte für η_t nehmen bis zu einem Nadelhub $s = 25$ mm zu und fallen dann mit zunehmenden Hüben langsam ab.

Die auf 1 m Gefälle umgerechneten Leistungen P_{d_1}, P_{H_1} und P_{t_1} bei $H_{tot} = H_n = $ konst. sowie $n_1' = n_1'{}_n = $ konst. sind ebenfalls in Tabelle 13 zusammengestellt und in Bild 49 in Funktion der Q_1 aufgetragen.

Die Auswertung von P_{d_1}, P_{H_1} und P_{t_1} erfolgt auf Grund des Hauptdiagrammes Nr. 42, und P_{h_1} errechnet sich aus Gl. (15) zu $P_{h_1} = P_{t_1} + \dfrac{P_{R+V}}{H\cdot\sqrt{H}}$.

(50)

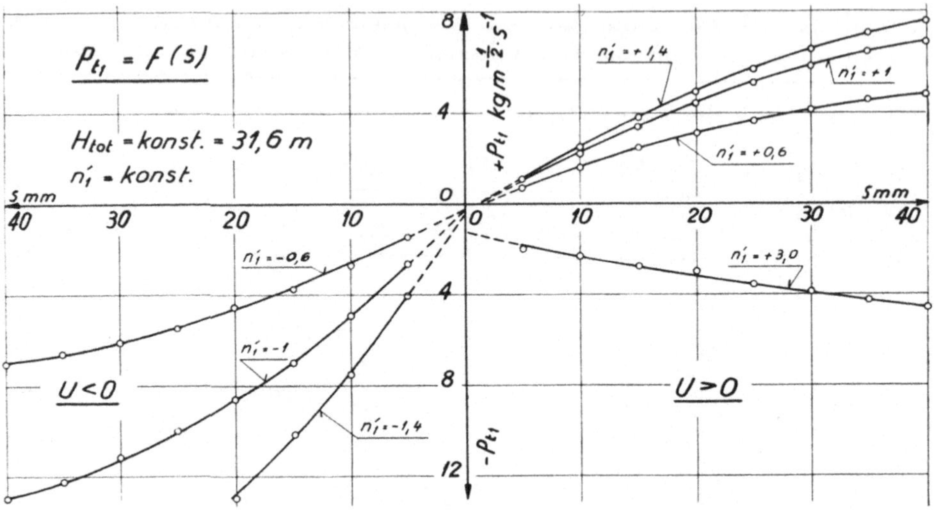

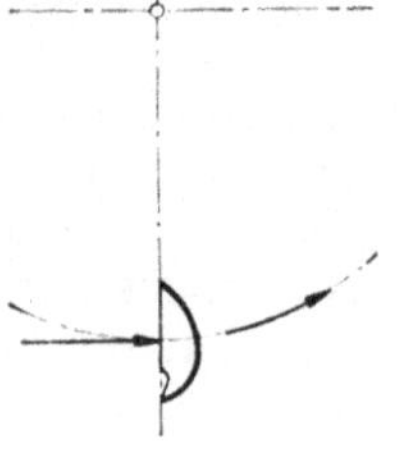

(51)

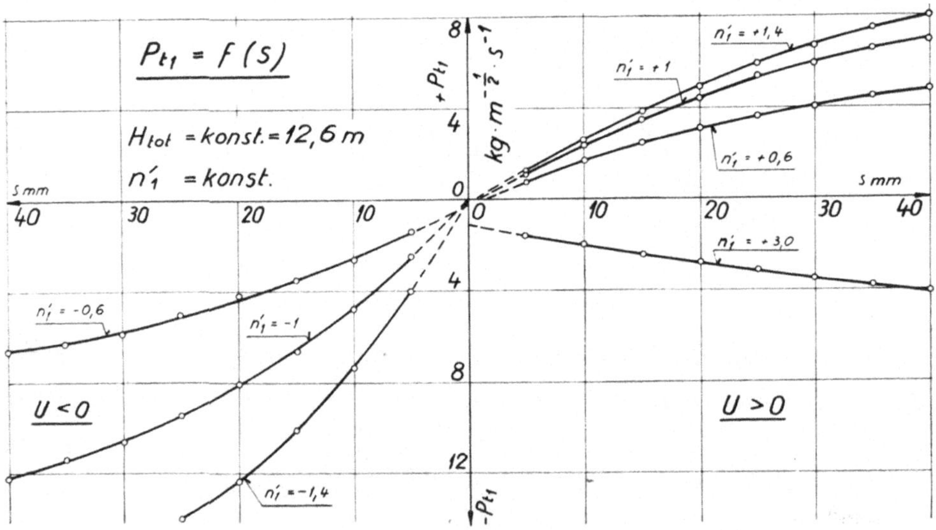

Bilder 50 und 51. $P_{t_1} = f(s)$

Radbefestigung — normal

Gebiete — alle drei

(Triebgebiet $0 < u < u_{max}$ sowie Bremsgebiete $u < 0$ und $u > u_{max}$)

Tabelle 13

Auswertung von verschiedenen Wirkungsgraden und Leistungen bei Nenngefälle $H_n = 80\ m$ und Nenndrehzahl $n_n = 750\ U/min\ (n_1' = 1,396\ U\ s^{-1}\ m^{-1/2})$

s	Q_1	η_H	η_t	P_{d_1}	P_{H_1}	P_{t_1}	$(P_{R+V})_1$	η_m	η_h	η_Q	P_{h_1}
5	1,754	81,0	64,5	1,754	1,422	1,15	0,0726	94,0	68,65	84,75	1,2226
10	3,364	84,4	76,4	3,364	2,84	2,49	0,0726	97,05	78,75	93,35	2,5626
15	4,834	86,9	80,0	4,834	4,2	3,86	0,0726	98,2	81,5	93,8	3,9326
20	6,172	88,8	81,2	6,172	5,48	5,0	0,0726	98,55	82,4	92,8	5,0726
25	7,372	89,0	81,5	7,372	6,57	6,0	0,0726	98,8	82,5	92,7	6,0726
30	8,410	89,2	79,5	8,410	7,5	6,67	0,0726	99,05	80,3	90,0	6,7426
35	9,402	90,0	78,4	9,402	8,46	7,36	0,0726	99,15	79,0	87,8	7,4326
40	10,23	90,0	77,0	10,23	9,2	7,95	0,0726	99,2	77,6	86,2	8,0226

γ) Ermittlung der Quotienten λ (Durchgangsdrehzahl dividiert durch die Drehzahl bei Leistungsmaximum beim Nenngefälle $H_n = 80\ m$)

Wenn $n_{\text{max}} =$ Durchgangsdrehzahl und $n_m =$ Drehzahl beim Leistungsmaximum, d. h. bei η_{max} ist, so definieren wir:

$$\lambda = \frac{n_{\text{max}}}{n_m} = \frac{(n'_{\text{max}})_1}{(n'_m)_1}$$

Aus den Bremsplänen Nr. 36 wurden diese beiden Drehzahlen in Tabelle 14 zusammengestellt. Die Werte von λ steigen bis zu einem Nadelhub von $s = 30$ mm, um dann wieder abzunehmen.

Tabelle 14

Berechnung der Quotienten λ aus Durchgangsdrehzahl und Drehzahl bei Leistungsmaximum ($H_n = 80\ m$)

s	5	10	15	20	25	30	35	40 mm
$(n'_m)_1$	1,33	1,34	1,35	1,36	1,365	1,36	1,36	1,36 U s^{-1} m$^{-1/2}$
$(n'_{\text{max}})_1$	2,18	2,41	2,46	2,48	2,5	2,51	2,45	2,42 U s^{-1} m$^{-1/2}$
λ	1,64	1,8	1,82	1,829	1,832	1,846	1,805	1,78

c) **Einige Ergebnisse aus den Versuchen bei einem Betriebsgefälle von** $H_{\text{tot}} = 31{,}6$ m **und** $12{,}6$ m **(normale Radbefestigung)**

In Bild 50 wurde der Nadelhub s als Abszisse und die Leistung P_{t_1} als Ordinate (umgerechnet vom Betriebsgefälle $H_{\text{tot}} = 31{,}6$ m) sowie für gleiche Werte von n_1' im positiven und negativen Gebiet aufgetragen. Dieses Bild ist nach Hauptdiagramm Nr. 43 gezeichnet worden. Der Verlauf $P_{t_1} = f(s)$ ist für $\pm\, n_1' = $ konst. $= \pm\, 1{,}4$, $\pm\, 1{,}0$, $\pm\, 0{,}6$ U s^{-1} m$^{-1/2}$ aufgetragen. Hier entspricht $\pm\, n_1' = \pm\, 1{,}4$ der auf 1 m umgerechneten Nenndrehzahl $n_1' = 1{,}396$. Damit der ganze Meßbereich der $P_{t_1} = f(n_1')$ für alle Nadelhübe gedeckt werden kann, wählten wir den minimalen Wert für $n_1' = \pm\, 0{,}6$. Ein dritter Wert für n_1' wurde dann zwischen $\pm\, 1{,}4$ und $\pm\, 0{,}6$, also $\pm\, 1{,}0$ gewählt.

$P_{t_1} = f(s)$-Verlauf im Bremsgebiet $u > u_{\text{max}}$ wurde mit einem Wert von $\pm\, n_1' = 3{,}0$ aufgetragen.

$P_{t_1} = f(s)$, umgerechnet von einem Betriebsgefälle $H_{\text{tot}} = 12{,}6$ m, ist in Bild 51 unter den gleichen Bedingungen dargestellt.

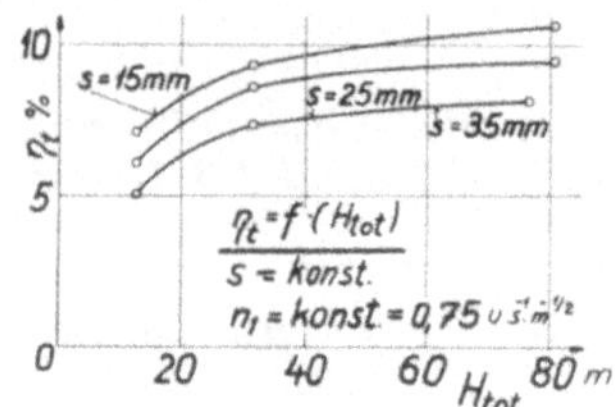

Bild 52. $\eta_t = f\,(H_{\text{tot}})$ im Triebgebiet bei abnormaler Radbefestigung

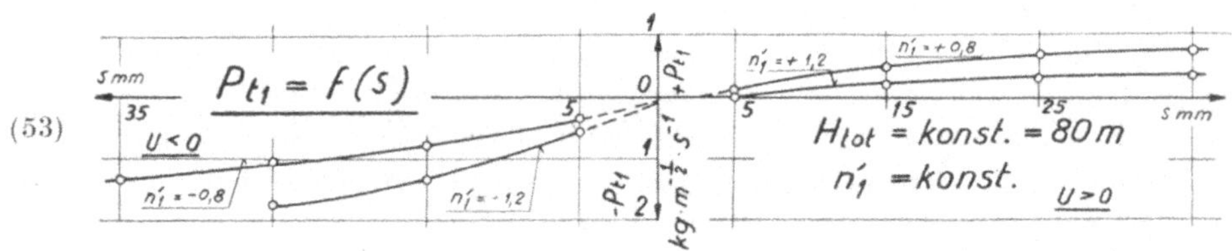

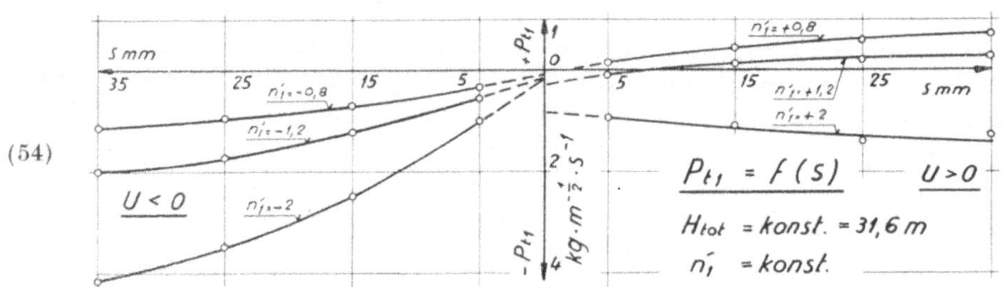

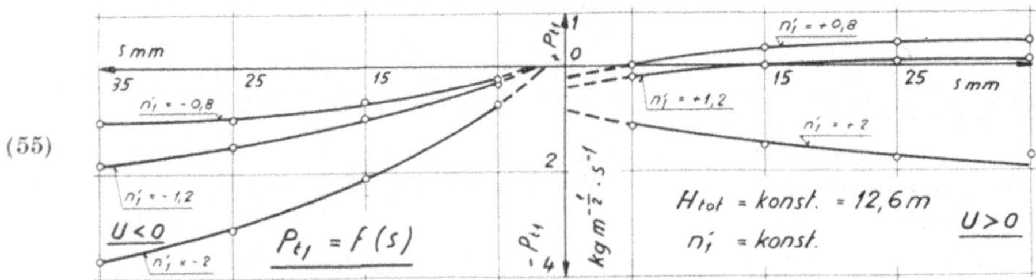

Bilder 53, 54 und 55. $P_{t_1} = f\,(s)$

Radbefestigung — abnormal

Gebiete — alle drei

(Triebgebiet $0 < u < u_{\text{max}}$ sowie Bremsgebiete $u < 0$ und $u > u_{\text{max}}$)

d) Ergebnisse bei abnormaler Radbefestigung

Es ist $\eta_t = f(H_\mathrm{tot})$ bei drei verschiedenen konstanten Nadelhüben ($s = 15$, 25 und 35 mm) und $n_1' = \mathrm{konst.} = 0{,}75\ \mathrm{U\ s^{-1}\ m^{-1/2}}$ in Bild 52 aufgetragen. Der Wirkungsgrad η_t ändert sich mit dem Gefälle. Der Verlauf zeigt, daß der maximale Wert des Wirkungsgrades η_t bei einem Gefälle von 80 m und einem Nadelhub von 15 mm sich einstellt. Mit zunehmendem Nadelhub wird die Wassermenge größer und damit auch die disponible Leistung, die totale Leistung bleibt jedoch im Verhältnis zur disponiblen Leistung klein. Der Grund dieser Erscheinung ist auf Seite 103 erklärt.

Der Verlauf von $P_{t_1} = f(s)$ unter den Bedingungen $H = \mathrm{konst.}$ und $\pm\, n_1' = \mathrm{konst.}$ ist in den Bildern 53, 54 und 55 aufgezeichnet. Um den ganzen Meßbereich darstellen zu können, wurde dieser Verlauf für die konstanten Werte von $n_1' = \pm\, 0{,}8$, $\pm\, 1{,}2$ und $+\, 2{,}0$ aufgetragen.

III. Schlußfolgerungen

Aus den experimentell ermittelten Charakteristiken der Freistrahlturbine in allen drei Gebieten, nämlich Triebgebiet $(0 < u < u_{max})$ und Bremsgebiet $(u < 0$ und $u > u_{max})$, ergeben sich folgende Schlußfolgerungen:

1. Die Charakteristiken und ihre Anwendung im Triebgebiet sind allgemein bekannt. Die ermittelten Charakteristiken in $u < 0$- und $u > u_{max}$-Gebieten geben uns Aufschluß über die Bremswirkungen der Freistrahlturbine.

Um ein rotierendes Freistrahlrad nach Schluß der Düse nur durch Reibung und Ventilation zum Stillstand zu bringen, dauert es, infolge der

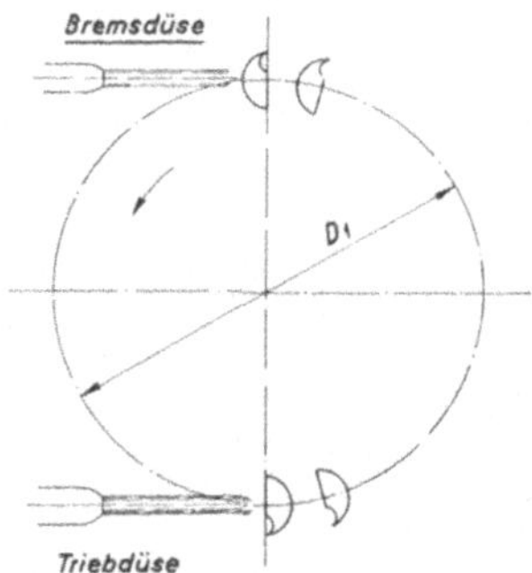

Bild 56. Verwendung einer Bremsdüse

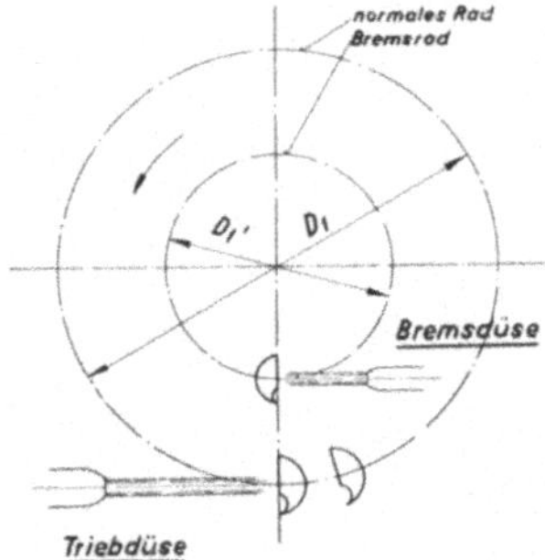

Bild 57. Verwendung einer Bremsdüse und des Bremsrades

großen kinetischen Energie der rotierenden Masse der Turbine und bei gekuppeltem Generator, vor allem des Generatorrotors, längere Zeit. In der Praxis ist es jedoch oft notwendig, eine Turbine in kürzester Zeit zum Stillstand zu bringen. Dies kann mit folgenden zwei Vorrichtungen erfolgen:

a) Verwendung einer zusätzlichen Düse — Bremsdüse, deren Wasserstrahl auf die Rückseite der Schaufeln wirkt (Bild 56) und so am Turbinenrad selbst ein Bremsen des Drehmomentes erzeugt. Die Wirkungsweise dieser Düse ist dann wie bei der „abnormalen Befestigung des Rades".

b) Verwendung eines besonderen Bremsrades sowie einer zusätzlichen Düse. Die Schaufeln dieses Bremsrades sind in umgekehrter Richtung als die des Triebrades befestigt (s. Bild 57).

Zu a: Wurde die Versuchsturbine durch einen Wasserstrahl auf die Rückseite der Schaufeln angetrieben, dann ergab sich, wie die Versuche gezeigt haben, ein maximaler Wirkungsgrad von 10,6% bei einem Nadelhub von 15 mm (d. h. 37,5% des maximalen Nadelhubes) gegenüber 81,6% bei normaler Anordnung, wo der Strahl auf die Vorderseite der Schaufeln auftrifft. Bei größeren Hüben, d. h. bei größeren Wassermengen, nimmt der Wirkungsgrad wieder ab, weil die Wassermengenverluste ansteigen und das Drehmoment nicht entsprechend wächst. Um den Bremswirkungsgrad bei Beaufschlagung einer Laufradschaufel von hinten durch eine spezielle Bremsdüse zu verbessern, sollte man die Form der Schaufelrückseite so konstruieren, daß ein möglichst großer Teil des Strahlwassers auf die Schaufelrückseite fällt, damit· die Wassermengenverluste klein werden. Anderseits ist bei der Gestaltung der Form der Schaufelrückseite darauf Rücksicht zu nehmen, daß im Triebgebiet das aus dem Becher austretende Wasser nicht auf die Rückseite der nachfolgenden Schaufel schlägt. Die beste Form für die Rückseite der Turbinenschaufel, unter Berücksichtigung dieser beiden Bedienungen, könnte durch weitere Untersuchungen festgelegt werden.

Berechnung des kleinsten Bremsdüsenstrahldurchmessers d_1^*:

Es ist der Nadelhub s^* zu bestimmen, bei welchem die Aufnahme der Leistung der Bremse $(- P_{t_n})$ gleich ist der Antriebsleistung $(+ P_{t_n})$ bei vollem Nadelhub s des Triebrades und zugleich bei entsprechender Drehzahl

$$- n = n_n$$

oder für das gleiche Gefälle $\qquad - n_1' = n_{1n}$

Mit Hilfe des so gefundenen s^* kann man die zugehörigen Werte von Q_1 aus Bild 18 entnehmen.

An dieser Stelle ist die Geschwindigkeit

$$c_1 = K_{c_1} \cdot \sqrt{2\,g\,H}$$

und

$$Q = c_1 \cdot f_1 = K_{c_1} \cdot \sqrt{2\,g\,H} \cdot \frac{\pi}{4} \cdot d_1^{*2}$$

oder

$$Q_1 = \frac{Q}{\sqrt{H}} = K_{c_1} \cdot \sqrt{2\,g} \cdot \frac{\pi}{4} \cdot d_1^{*2}$$

Daraus ergibt sich: $\quad d_1^* = \sqrt{\dfrac{Q_1}{K_{c_1} \cdot \sqrt{2\,g} \cdot \dfrac{\pi}{4}}} = \sqrt{\dfrac{Q_1}{3{,}48 \cdot K_{c_1}}}$

Die entsprechenden K_{c_1}-Werte bestimmt man aus Tabelle Seite 45 mit dem s^*.

Es wurde nun der kleinste Bremsdüsenstrahldurchmesser d_1^* wie folgt berechnet:

Nach Bild 37 h ist bei voller Düsenöffnung ($s = 40$ mm) und dem Gefälle $H_{\text{tot}} = 31{,}6$ m die Nennleistung $P_{t_1} = 8{,}0$ kg m$^{-1/2}$ s^{-1} und die Drehzahl $n_1' = 1{,}4$ U s^{-1} m$^{-1/2}$.

Der Nadelhub ergab sich aus Bild 50 zu 11 mm, wobei

im Bremsgebiet $\qquad - P_{t_1} = + P_{t_1} = 8{,}0 \text{ kg m}^{-1/2}\,\text{s}^{-1}$

und $\qquad\qquad - n_1' = + n_1' = 1{,}4 \text{ U s}^{-1}\,\text{m}^{-1/2}$

Wir erhielten aus Bild 18 den zugehörigen Wert von $Q_1 = = 3{,}67\,\text{l m}^{-1/2}\,\text{s}^{-1}$ und aus Tabelle Seite 45 einen Wert von $K_{c_1} = 0{,}965$. Damit folgte

$$d_1{}^* = \sqrt{\frac{0{,}00367}{3{,}48 \cdot K_{c_1}}} = \sqrt{\frac{0{,}00367}{3{,}48 \cdot 0{,}965}} = 0{,}033 \text{ m}$$

d. h. $\qquad\qquad \underline{d_1{}^* = 33 \text{ mm}}$

Dieser Bremsstrahl mit einem Durchmesser $d_1{}^*$ wird das gleiche Rad (Triebrad) bremsen, wenn er gegen die Schaufel wirkt und in den Becher fällt (s. Bild 26 b, Seite 65).

Zu b: Besonderes Bremsrad mit Bremsdüse:

Wir bezeichnen mit:

$D_1 =$ Durchmesser des Triebrades,
$D_1{}^* =$ Durchmesser des Bremsrades,
$K_{u_1} =$ die dimensionslose Kennzahl bei der Nennleistung der Turbine P_{t_n}
$\qquad$ und
$K_{u_1}{}^* =$ die dimensionslose Kennzahl für die Bremsleistung P_{t_n} $(u < 0,$
$\qquad$ d. h. $P_t < 0)$ im Bremsgebiet.

Dann errechnet sich der Durchmesser des Triebrades zu:

$$K_{u_1} = \frac{u_1}{\sqrt{2\,g\,H}} = \frac{\pi \cdot D_1 \cdot n}{60 \cdot \sqrt{2\,g\,H}} = \frac{\pi}{60 \cdot \sqrt{2 \cdot 9{,}81}} \cdot D_1 \cdot \frac{n}{\sqrt{H}} = \frac{D_1 \cdot n_1}{84{,}5}$$

oder $\qquad\qquad \underline{n_1 \cdot D_1 = 84{,}5 \cdot K_{u_1}} \qquad\qquad\qquad\qquad (77)$

Dann gilt für das Bremsrad

$$n_1{}^* \cdot D_1{}^* = 84{,}5 \cdot K_{u_1}{}^* \qquad\qquad\qquad (78)$$

somit $\qquad\qquad \dfrac{n_1{}^* \cdot D_1{}^*}{n_1 \cdot D_1} = \dfrac{K_{u_1}{}^*}{K_{u_1}}$

und, da unsere Versuche mit dem gleichen Laufrad durchgeführt wurden, folgt daraus:

$$\frac{K_{u_1}{}^*}{K_{u_1}} = \frac{n_1{}^*}{n_1}$$

So tritt an Stelle von K_{u_1} der Wert n_1.

Wenn nun die Drehzahl $+ n$ beim Antrieb und $- n$ beim Bremsen die gleiche sein soll (Aufnahme der Leistung der Bremse $- P_{t_n} =$ Antriebsleistung $+ P_{t_n}$), so gilt die Gleichung:

$$n_1 \cdot D_1 = 84{,}5 \cdot K_{u_1}$$
$$n_1 \cdot D_1{}^* = 84{,}5 \cdot K_{u_1}{}^*$$

somit $\qquad\qquad \underline{\dfrac{D_1{}^*}{D_1} = \dfrac{K_{u_1}{}^*}{K_{u_1}} = \dfrac{n_1{}^*}{n_1}} \qquad\qquad\qquad (79)$

Berechnung von n^*:

Nach Gl. (27 a) war theoretisch:

$$P_t = P_{t_n} \left(2 \cdot \frac{n}{n_n} - \frac{n^2}{n_n{}^2} \right)$$

Dann berechnet sich n^* (oder $- n$) für die Bremsleistung $- P_{t_n}$ zu:

$$- P_{t_n} = P_{t_n} \cdot \left[2 \cdot \left(\frac{n^*}{n_n} \right) - \left(\frac{n^*}{n_n} \right)^2 \right]$$

Setzen wir $\qquad\qquad \left(\frac{n^*}{n_n} \right) - x$

so folgt: $\qquad\qquad 2\,x - x^2 + 1 = 0$

oder $\qquad\qquad\qquad x^2 - 2\,x - 1 - 0$

damit $\qquad x = \dfrac{2 \pm \sqrt{4 + 4}}{2} = \dfrac{2 \pm 2\sqrt{2}}{2} = 1 \pm \sqrt{2}$

d. h. $\qquad\qquad\qquad x_1 = 2,4142$

und $\qquad\qquad\qquad x_2 = - 0,4142$

somit $\qquad \left(\dfrac{n^*}{n_n} \right) = 2,4142 \quad \text{oder} \quad - 0,4142 \qquad\qquad (80)$

Da beim Wert $n^* > 0$, d. h. $n^* = 2,4142\,n_n$ die Arbeitsfläche der Laufradschaufel nicht zum Bremsen kommt, fällt dieser Wert außer Betracht.

Für das Bremsgebiet ($n < 0$) bleibt demnach allein der Wert $n^* = - 0,4142\,n_n$. Damit folgt $\dfrac{D_1{}^*}{D_1} = 0,4142$.

Berechnung des Bremsrades auf Grund der Versuche:

Der Durchmesser des Bremsrades wurde wie folgt berechnet:

Nach Bild 37 tritt bei voller Düsenöffnung ($s = 40$ mm) und $H_{\text{tot}} = 31,6$ m die Nennleistung P_{t_n} bei einer Drehzahl

$$n_1{}' = 1,4 \ \text{U s}^{-1}\,\text{m}^{-1/2}$$

auf. Im Bremsgebiet ($u_1 < 0$ oder $K_{u_1} < 0$) hat man die Bremsleistung $- P_{t_n}$ bei einem

$$n_1{}'^* = 0,7 \ \text{U s}^{-1}\,\text{m}^{-1/2}$$

Damit erhält man nach Gl. (79):

$$\frac{D_1{}^*}{D_1} = \frac{n_1{}'^*}{n_1{}'} = \frac{0,7}{1,4} = 0,5$$

und in unserem Fall

$$\underline{D_1{}^* = 0,50 \cdot 0,450 = 0,225 \ \text{m}}$$

Der so berechnete Durchmesser des Bremsrades beträgt also die Hälfte des Normalrades bei gleichem Bremsstrahldurchmesser wie der Triebstrahl.

Die Abweichung vom theoretisch gefundenen Wert für $D_1{}^* = 0,4142\,D_1$ gegenüber dem durch die Versuche gefundenen Wert rührt von den bereits früher erwähnten Gründen her.

Nach diesen ausgeführten Berechnungen kann man bei großen Speicherwerken eine Bremsturbine konstruieren. Diese Bremsturbine wird die

Triebturbine abstellen und gleichzeitig nachher die Pumpe, gekuppelt mit dem Generator (als Motor) in anderer Richtung in Betrieb setzen, um die Pumpe mit dem Motor bis zur Synchrondrehzahl zu bringen. Sobald die Pumpe mit der Synchrondrehzahl läuft, schaltet man den Motor an.

2. Zur Bestimmung des Gefälls- und Wassermengenwirkungsgrades.

Der Gefällswirkungsgrad wurde auf Seite 56 rechnerisch bestimmt. Aus der Beziehung $\eta_h = \eta_H \cdot \eta_Q$ können wir den Wert für η_Q leicht ermitteln, unter der Voraussetzung, daß die berechneten Werte η_H stimmen. Die verschiedenen Wirkungsgrade sind in Bild 49 dargestellt. Es ergeben sich die folgenden Werte für η_H und η_Q (s. auch Tabelle 13, Seite 111):

Q	20	40	60	80	100 % des Q bei Vollnadelhub
η_H	81,5	85,8	88,2	89,3	90,0 %
η_Q	87,4	93,5	93,0	90,5	86,2 %

3. Die prozentualen Abweichungen der Q_1-Werte bei verschiedenen Gefällshöhen von denjenigen beim Gefälle $H_{tot} = 80$ m für verschiedene Nadelhübe auf Grund der erhaltenen Meßresultate wurden in Bild 20 (Seite 44) dargestellt. Theoretisch sollten die Meßpunkte auf einer Horizontalen liegen. Es wurde versucht, die Abweichung durch die Krümmer- und Reibungsverluste im Einlauf der Turbine zu erklären. Die Ergebnisse zeigten jedoch, daß diese Faktoren allein die gefundene Abweichung nicht genügend erklären können.

Wie auf Seite 46 erwähnt, können auch die am Nadelschaft verursachte Reibung und das Führungskreuz im Einlauf diese Abweichung hervorrufen. Dazu kommt die Veränderung der Strahlkontraktion.

Literaturverzeichnis

(Alphabetisch geordnet)

1. *Camerer, R.:* Vorlesungen über Wasserkraftmaschinen. Engelmann, Leipzig 1924.
2. *Dubs, R.:* Wasserkraftmaschinen und Pumpen, nach einer Vorlesung an der E. T. H. Zürich, 1948/49.
3. *Dubs, R.:* Angewandte Hydraulik. Rascher-Verlag, Zürich 1947.
4. *Dünner, E.:* Einführung in die Elektrotechnik. Rascher-Verlag, Zürich 1947.
5. *Fournier, F.:* Versuche an Freistrahldüsen. G. T. P., hydraulisches Institut. E. T. H. Zürich, 1942.
6. *Gerber, H.:* Wassermessung in Freistrahlturbinenanlagen. Schweiz. Bau-Ztg. 1941, Bd. 117, Seite 150.
7. *Oguey, P.* und *M. Mamin:* Étude théorique et expérimentale de la dispersion du jet dans la turbine Pelton. Bulletin Technique de la Suisse Romande, 14 octobre 1944, No. 21, et 28 octobre 1944, No. 22.
8. *Reichel* und *Wagenbach:* Versuche der Becherturbinen. Z. VDI, Bd. 57 (1913) und Bd. 62 (1918).
9. Schweizerischer Elektrotechnischer Verein (SEV.): Publikation Nr. 178; Regeln für Wasserturbinen, 1. Auflage, 1947.
10. *Taygun, H. F.:* Untersuchungen über den Einfluß der Schaufelzahl auf die Wirkungsweise eines Freistrahlrades. Diss. E. T. H. 1946.
11. *Thomann, R.:* Die Wasserturbinen und Pumpen. Wittwer, Stuttgart 1931.

Lebenslauf

Der Verfasser wurde am 9. September 1922 in Daruli Khurd, Dist. Jullundur (Indien), als Sohn des Arztes Dr. Mul Raj geboren.

Im Jahre 1939 bestand er an der S. D. Anglo Sanskrit High School, Jullundur City (Punjab-Universität) die Matriculation Examination.

Im Jahre 1940 trat er nach 6 Monaten Praxis in den fünfjährigen Kurs zur Ausbildung als Maschineningenieur (course leading to degree in Mechanical Engineering) im College of Engineering and Technology, Bengal, P. O. Jadavpur College, Calcutta, ein und bestand 1945 die Schlußprüfung mit Erfolg.

Anschließend arbeitete er bei Gebrüder Volkart in Calcutta als Ingenieur bis Ende 1947. Während dieser Zeit bestand er die Prüfung für das A. M. I. Mech. E. London und ist gegenwärtig Graduate-Mitglied dieser Gesellschaft.

Mitte Januar 1948 traf er in der Schweiz ein, um auf dem Gebiete der hydraulischen Maschinen wissenschaftlich zu arbeiten. Nach bestandener Prüfung in deutscher Sprache im April 1948 wurde er als Fachhörer an der Eidgenössischen Technischen Hochschule Zürich aufgenommen. Im Juli 1949 bestand er, nach Absolvierung der zwei vorgeschriebenen Semester, die Zulassungsprüfung zur Doktorpromotion.

Das Thema der Promotionsarbeit wurde ihm von Herrn Prof. *R. Dubs* Ende 1948 bekanntgegeben.

Während der Semesterferien (vom 19. Juli 1948 bis 30. September 1948 und vom 7. Oktober 1949 bis 5. November 1949) arbeitete er zirka 4 Monate als Praktikant bei der Firma Escher-Wyß & Co. A. G., Zürich, auf der Forschungs- und Konstruktionsabteilung.

Nach Abschluß der experimentellen Arbeiten, d. h. von Anfang Juli 1950 bis Ende Februar 1951 (zirka 8 Monate) war er bei der Firma Gebrüder Sulzer A. G. (Abteilung Pumpen), Winterthur, beschäftigt. Anschließend arbeitete er zirka 3 Monate bei der Firma A. G. der Maschinenfabrik von Theodor Bell & Co., Kriens (Luzern), auf der allgemeinen Maschinenbau- und Wasserturbinen-Abteilung.